DER WELTRAUM

WISSEN VISUELL

ALEX BARNETT

DK
Dorling Kindersley

DORLING KINDERSLEY

London • New York • München • Melbourne • Delhi

Projektbetreuung Simon Holland
Gestaltung Jim Green, Adrienne Hutchinson, Owen Peyton-Jones
Photoshop-Illustrationen Mark Longworth
Cheflektorat Linda Esposito
Chefbildlektorat Sophia M. Tampakopoulos Turner
Programmleitung Sue Grabham
Leitung Bildlektorat Simon Webb
Bildrecherche Harriet Mills
Covergestaltung Bob Warner
DTP-Design Toby Beedell
Herstellung Dulcie Rowe

Fachliche Beratung Dr. Jacqueline Mitton, Peter Bond

Bibliografische Information Der Deutschen Bibliothek
Die Deutsche Bibliothek verzeichnet diese Publikation in der Deutschen Nationalbibliografie;
detaillierte bibliografische Daten sind im Internet über http://dnb.ddb.de abrufbar.

Titel der englischen Originalausgabe:
DK Revealed: Space

Übersetzung Werner Horwath
Redaktion Kerstin Wendsche

ISBN 3-8310-0636-9

Colour reproduction by Colourscan, Singapore
Printed in China by Leo Paper Group

Besuchen Sie uns im Internet
www.dk.com

Inhalt

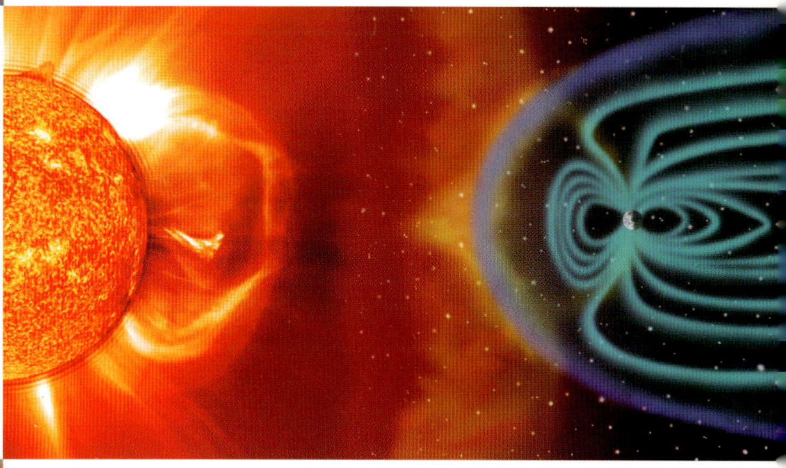

FRÜHE ASTRONOMEN

Um 750 v. Chr. berechneten babylonische Astronomen den Mondaufgang und den Monduntergang. Mithilfe dieser Informationen erstellten sie die ersten Almanache – Tabellen, in denen die Bewegungen von Sonne, Mond und Planeten aufgezeichnet waren. Solche Almanache bildeten die Grundlage für Kalender und dienten zur Vorhersage von Sonnen- und Mondfinsternissen.

Ein in Stein gemeißelter ***babylonischer Kalender***

JENSEITS DER ERDE

ZU ALLEN ZEITEN HABEN MENSCHEN den Himmel beobachtet. Zum einen taten sie das aus praktischen Gründen. Der Sonnenstand zeigte ihnen die Tageszeit und die richtige Zeit für die Aussaat des Getreides. Zum anderen orientierten sie sich an den Sternen oder versuchten daraus die Zukunft vorherzusagen. In den Religionen vieler frühen Zivilisationen spielten Himmelserscheinungen eine Rolle. Die alten Ägypter hielten helle Sterne für Gottheiten. Mit der Erfindung genauerer Instrumente entdeckten Forscher, was im Weltall vor sich geht und welchen Platz die Erde darin einnimmt. Früher galt die Erde als Mittelpunkt des Universums. Erst später erkannte man, dass unser Planet nur ein winziger Teil davon ist. Wir wissen immer noch nicht alles über den Weltraum, doch es gibt technische Möglichkeiten, die Erde zu verlassen, unsere Welt von außen zu betrachten und weit ins All hineinzublicken.

STONEHENGE

Früher verfolgten die Bauern die Jahreszeiten durch Beobachtung des Sonnenstandes. Stonehenge in England diente vermutlich als gewaltiger Kalender. Die riesigen Steine wurden so aufgestellt, dass sie mit wichtigen Sonnenständen im Jahresverlauf übereinstimmten. Möglicherweise diente Stonehenge auch der Zeitmessung oder für religiöse Zeremonien. Die genaue Bedeutung werden wir wohl nie erfahren.

Die Errichtung von Stonehenge *begann vor etwa 5000 Jahren. Die größten Steine wurden über viele Kilometer herbeigeschleppt.*

Die aufrechten Steine *heißen Sarsen, die quer aufliegenden Steine nennt man Lintels.*

PTOLEMÄUS

Dieses Bild zeigt den griechischen Astronomen Ptolemäus beim Nachdenken über das Universum. Ptolemäus lebte im 2. Jahrhundert in Alexandria, Ägypten. Er schrieb die Gedanken der alten Griechen auf, die glaubten, dass die Erde eine Kugel im Mittelpunkt des Universums sei. Ptolemäus benannte außerdem 48 Sternbilder, darunter das Sternbild Orion.

*Der obere Teil einer **V-2-Rakete** trägt anstelle einer Bombe eine Nutzlast.*

NIKOLAUS KOPERNIKUS

Die Menschen hielten die Erde für den Mittelpunkt des Universums, bis Nikolaus Kopernikus (1473–1543) behauptete, dass die Sonne im Mittelpunkt steht und die Erde um die Sonne kreist. Er konnte es zwar nicht beweisen, aber dank seiner Theorie suchten Wissenschaftler nun nach Erklärungen, wie die Planeten die Sonne umrunden. Erst nach 150 Jahren konnte bewiesen werden, dass die Sonne wirklich das Zentrum unseres Planetensystems bildet.

***Eine Nachbildung** von Galileis Teleskop*

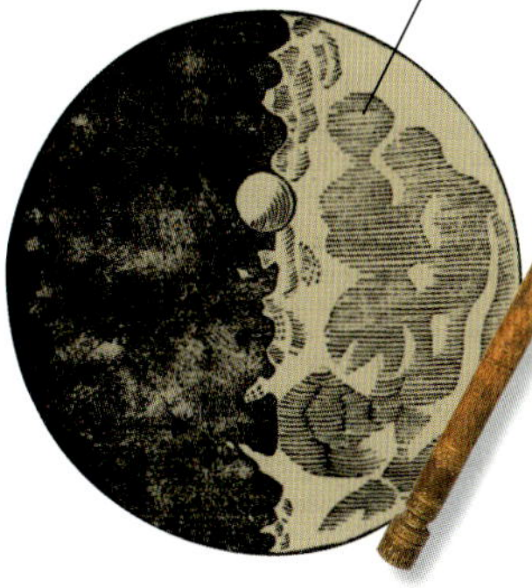

***Galileis berühmte Skizzen** vom Mond zeigen die Krater auf der Oberfläche.*

GALILEO GALILEI

Das Teleskop wurde Anfang des 17. Jhs. erfunden und diente den Forschern zur Himmelsbeobachtung. Galilei, der bekannteste Forscher des 17. Jhs., zeichnete alles auf, was er durch seine schwachen Teleskope gesehen hatte. Seine Beobachtungen der Venus zeigten, dass sie um die Sonne kreist. Er skizzierte auch den Mond, die erste richtige Mondkarte erstellte jedoch vermutlich der Engländer Thomas Harriott.

***Der Montageturm** stützt die Rakete bis zum Start.*

***Wissenschaftler** beobachten den Start einer überarbeiteten V-2-Rakete im Jahr 1950.*

RAKETENENTWICKLUNG

In den Jahrhunderten nach Galilei hat die Technologie einen großen Sprung nach vorne gemacht. Die Teleskope wurden immer besser und es gab neue Instrumente zur Beobachtung des Weltraums. Diese Fortschritte führten auch zur Entwicklung von Raketen. Zunächst dienten sie dem Transport von Bomben, erst später wurden sie für friedliche Zwecke eingesetzt – als Transportmittel ins All.

HUNDE IM WELTRAUM

Am 3. November 1957 flog die russische Hündin Laika („Bellender Hund") an Bord von *Sputnik 2* als erstes Tier in den Weltraum, wo sie sieben Tage überlebte. 1960 verbrachten die Hunde Belka („Eichhörnchen") und Strelka („Kleiner Pfeil") in *Sputnik 5* einen Tag im All und kehrten gesund zurück.

ERSTER MENSCH IM ALL

Am 12. April 1961 umrundete der russische Testpilot Juri Gagarin als erster Mensch die Erde. Er befand sich an Bord der kugelförmigen Raumkapsel *Wostok 1*, die mit 27 400 km/h die Erde umkreiste. 1968 kam Gagarin bei einem Flugzeugabsturz ums Leben.

WETTLAUF INS ALL

NACH DEM ZWEITEN WELTKRIEG (1939–1945) bauten die USA und die Sowjetunion Raketen nach dem Vorbild der deutschen V-2-Rakete. Sie fanden heraus, dass eine Rakete, die eine Bombe um die halbe Welt befördern kann, auch in der Lage ist Menschen in den Weltraum zu transportieren. Der Wettlauf ins All begann 1957, als die Sowjets den Satelliten *Sputnik* ins All schossen. Danach verkündete US-Präsident Kennedy, dass Amerika Menschen zum Mond bringen würde. Dies verschärfte den Wettstreit zwischen den beiden Supermächten. Es ist bemerkenswert, was die Weltraumtechniker damals leisteten – vor allem wenn man bedenkt, dass ihre Computer im Vergleich zu heutigen PCs sehr schwach waren.

DIE ERSTE FRAU IM ALL

Am 16. Juni 1963 flog die 26-jährige Walentina Tereschkowa als erste Frau ins Weltall. Sie verbrachte fast drei Tage an Bord des Raumfahrzeugs *Wostok 6*. Dabei umrundete sie die Erde 48-mal – das waren damals mehr Erdumrundungen, als alle US-Astronauten zusammen geschafft hatten.

DAS *MERCURY*-PROGRAMM

Für das Weltraumprogramm der USA ist die NASA zuständig. Ziel ihres ersten bemannten Raumfahrtprogramms *Mercury* (1958–1963) war es, ein bemanntes Raumfahrzeug in die Erdumlaufbahn zu bringen und zu erforschen, wie Menschen im All leben und wie Astronauten und Raumfahrzeuge sicher zur Erde zurückgebracht werden konnten. Die NASA wählte dafür sieben Astronauten aus und führte sechs Flüge durch.

Astronaut Edward H. White II. beim ersten US-Weltraumspaziergang während der *Gemini 4*-Mission

DIE *GEMINI*-MISSIONEN

Die zehn *Gemini*-Missionen der USA fanden zwischen 1963 und 1966 statt. „Gemini" ist die englische Bezeichnung für das Sternbild Zwillinge. Die Missionen trugen diesen Namen, da das Raumfahrzeug mit 5,80 m Länge und 3 m Durchmesser zwei Mann Besatzung hatte.

Die *Gemini*-Missionen dauerten bis zu zwei Wochen. Sie waren für die USA sehr wichtig, da US-Astronauten dabei den ersten Weltraumspaziergang durchführten und erstmals mehr als ein Mensch ins All geschickt wurde. Während der Flüge probten die Astronauten auch das Andocken an andere Raumfahrzeuge.

RUSSISCHE MONDSONDEN

Die *Luna*-Raumsonden brachten die Sowjetunion beim Wettlauf zum Mond in Führung. *Luna 3* nahm 1959 erste Bilder der erdabgewandten Mondseite auf. *Luna 9* übermittelte 1966 erste Fernsehbilder von der Mondoberfläche. Nach 1970 brachten drei weitere *Luna*-Sonden Mondgestein zur Erde.

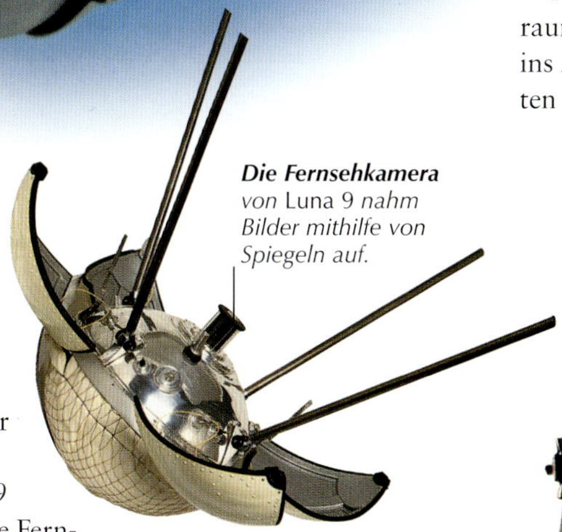

Die Fernsehkamera *von Luna 9 nahm Bilder mithilfe von Spiegeln auf.*

DIE *APOLLO*-MONDMISSIONEN

Nachdem Astronauten es mehrere Tage im All ausgehalten und Weltraumspaziergänge und Andockmanöver durchgeführt hatten, strebten die USA nun eine bemannte Mondlandung an. Ein Brand an Bord von *Apollo 1* tötete drei Astronauten und rückte dieses Ziel in weite Ferne. Doch nach der Entwicklung einer neuen Kapsel gab es schließlich eine Reihe erfolgreicher Missionen rund um Erde und Mond. 1969 gelang *Apollo 11* die erste von sechs *Apollo*-Mondlandungen. Neil Armstrong betrat damals als erster Mensch den Mond.

Orion, *die Mondlandefähre von* Apollo 16

Die US-amerikanische Flagge *wird durch einen Draht aufgespannt, da auf dem Mond kein Wind weht.*

John Young, *Kommandeur von* Apollo 16, *bei der fünften* Apollo-*Mondlandung*

SPAZIERGANG

NOCH HEUTE ZEUGEN Fußabdrücke auf der Mondoberfläche von den ersten Mondlandungen, denn auf dem Mond verweht kein Wind die Spuren. Von 1969 bis 1972 brachten *Apollo*-Missionen 12 Astronauten auf den Mond. Hier führten sie verschiedene Experimente durch. Die letzten Astronauten landeten mit *Apollo 17* auf dem Mond. Sie sammelten 110 kg Mondgestein, machten mehr als 2000 Fotos und „spazierten“ 22 Stunden über die Mondoberfläche. Die Raumanzüge der beiden Astronauten bestanden aus 22 Schichten, die sie vor spitzen Steinen, Mikrometeoroiden, extremer Hitze und Kälte und vor der Sonnenstrahlung schützten.

MONDLANDEFÄHRE
Die *Apollo-17*-Mondlandefähre *Challenger* war der Teil der Raumkapsel, der die Astronauten auf die Mondoberfläche brachte. Eine Fernsehkamera nahm den Start der Landefähre auf, als diese Eugene Cernan und Harrison Schmitt wieder zum Kommandomodul zurückbrachte, wo Ronald Evans auf sie wartete.

DER *APOLLO*-RAUMANZUG

1 **Helm:** *Ein goldbeschichtetes Visier schützte die Augen vor dem Sonnenlicht. Der rote Streifen steht für den Kommandeur.*

2 **Instrumententafel:** *Diente zur Überwachung des Lebenserhaltungssystems, zur Verständigung und Energieversorgung.*

3 **Mondbohrer:** *Damit wurden 4,50 m tiefe Löcher für Detektoren in den Boden gebohrt und Gesteinsproben entnommen.*

4 **Probenbehälter:** *Der Kommandeur bewahrte darin Werkzeug, Ausrüstungsgegenstände und entnommene Gesteinsproben auf.*

5 **Kopfsprechhörer:** *Über Funk blieben die Astronauten untereinander und mit dem Kontrollzentrum in Verbindung.*

6 **Tragbares Lebenserhaltungssystem:** *Enthielt Batterien, Sauerstoff zum Atmen, Wasser zum Kühlen und entfernte Kohlendioxid.*

7 **Druckanzug:** *Ein eng anliegender Gummianzug unter den Schutzschichten mit beweglichen Gelenkstücken.*

8 **Flüssigkeitsgekühlte Unterwäsche:** *Eine Spezialunterwäsche mit kleinen Röhrchen, durch die Wasser gepumpt wurde, sorgte für eine angenehme Temperatur.*

MONDAUTO
Die Mondlandefähren von *Apollo* 15, *16* und *17* hatten jeweils ein Auto dabei. Erst auf dem Mond bauten die Astronauten das batteriebetriebene Gefährt zusammen. Mit einer Höchstgeschwindigkeit von 14 km/h transportierte es die *Apollo*-17-Astronauten 35 km über die Mondoberfläche, damit sie Gesteinsproben sammeln konnten.

NACHAHMUNG EINES WELTRAUMSPAZIERGANGS
In einem Raumanzug ist es schwierig, kleine Bewegungen durchzuführen. Astronauten können sich im All nicht so leicht bewegen wie auf der Erde. Sie üben daher die Bewegungen eines Weltraumspaziergangs in einem großen Wasserbecken ein. Der Auftrieb, den die Astronauten im Wasser erfahren, ähnelt der Schwerelosigkeit im All. Das Becken im Johnson-Weltraumzentrum von Houston, USA, ist so groß, dass darin die gesamte ISS-Raumstation Platz hätte. Hier lernen die Astronauten den Umgang mit der Weltraumausrüstung, die immer viele Griffe und Haken zum Festhalten besitzt.

MENSCHEN IM ALL

ASTRONAUTEN HABEN SEHR unterschiedliche Berufe. Manche sind Wissenschaftler, andere sind Piloten, Ingenieure oder Ärzte. Alle jedoch müssen sich einer strengen Auswahl unterziehen, bevor sie Astronaut werden und eines Tages ins All fliegen können.

Es gibt mehr als 100 aktive Astronauten, doch etwa die Hälfte von ihnen ist noch nie ins All geflogen! Vor einem Flug ins All müssen die Astronauten erst die Aufgaben der vielen tausend anderen Menschen kennen lernen, von denen ihr Leben abhängen wird. So arbeiten angehende Astronauten auch in Kontrollzentren und bei Missions-Experimenten mit. Sie lernen alles über Lebenserhaltung und über das Raumfahrzeug. Die wirklich harte Arbeit beginnt jedoch erst, wenn sie für eine bestimmte Mission ausgewählt worden sind.

VR-TRAINING
Das Reparieren eines Teleskops oder der Zusammenbau der Internationalen Raumstation (ISS) erfordert sehr viel Übung. Astronauten erhalten nur eine Chance, weshalb sie sich mittels Virtual Reality (VR) – einer über Computer vorgetäuschten Umgebung – vorbereiten. Beim VR-Training können mehrere Astronauten miteinander üben.

Die Astronauten *schweben an die gepolsterte Decke des KC135-Flugzeugs.*

SCHWERELOSIGKEITSTRAINING
Auf der Erde lässt sich Schwerelosigkeit nur für kurze Zeit erzeugen. Dies geschieht an Bord eines Parabelflugzeuges, das wie in einer riesigen Achterbahn auf und ab fliegt und daher auch „Kotz-Komet“ genannt wird. Wenn das Flugzeug abwärts rast, erfahren die Astronauten an Bord das Gefühl der Schwerelosigkeit. Jeder Dritte wird dabei „weltraumkrank“.

SHUTTLE-SIMULATOR

Am Spaceshuttle-Simulator lernen Astronauten das Fliegen mit dem Shuttle-Orbiter. In diesem nachgebauten Besatzungsraum üben sie die Landung auf verschiedenen Landebahnen, das Andocken an die Internationale Raumstation, Manöver zum Aussetzen von Satelliten und verschiedene andere Arbeiten.

Durch das Ventil *wird der Speise heißes Wasser zugeführt.*

Nüsse und Trockenobst

Getränkemischungen für heißes oder kaltes Wasser

Honigwaben

ESSEN

Weltraumnahrung ist meistens dehydriert, d. h., ihr wurde das Wasser entzogen. So braucht sie weniger Platz und hält länger. Astronauten bereiten die Nahrung vor dem Essen mit heißem oder kaltem Wasser zu. Die Speisen an Bord sind sehr vielfältig. Besonders beliebt ist scharf gewürztes Essen, da nach einiger Zeit im All der Geruchs- und Geschmackssinn nachlassen.

Gurte *halten den Astronauten am Trainingsgerät fest, damit er nicht davonschwebt.*

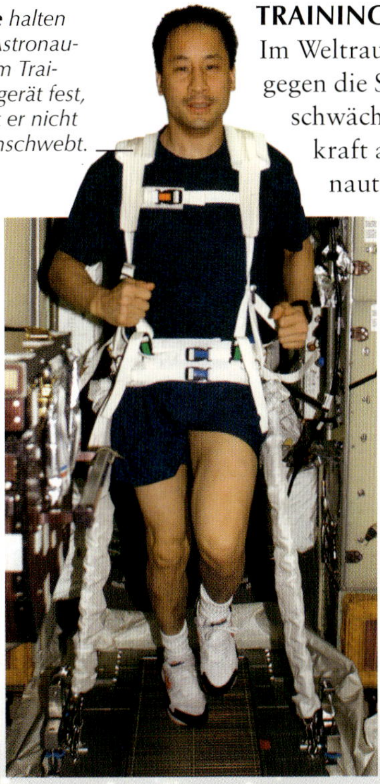

TRAINING

Im Weltraum müssen die Astronauten nicht gegen die Schwerkraft ankämpfen. Das schwächt ihre Muskeln. Um die Muskelkraft aufrechtzuerhalten, müssen Astronauten mindestens eine Stunde am Tag Sport treiben. An Bord der Internationalen Raumstation gibt es verschiedene Trainingsgeräte.

SCHLAFEN

In der Erdumlaufbahn sehen Astronauten die Sonne mehrmals am Tag auf- und untergehen. Aus diesem Grund brauchen sie einen Zeitplan, der zeigt, wann sie schlafen müssen. Die meisten Astronauten können in der Schwerelosigkeit gut schlafen, trotz des Ventilatorenlärms. Ventilatoren sind nötig, um das ausgeatmete Kohlendioxid vom Mund der Astronauten wegzublasen – sonst würden sie ersticken.

Schlafsäcke *verhindern z. B., dass die Arme im Schlaf herumschweben.*

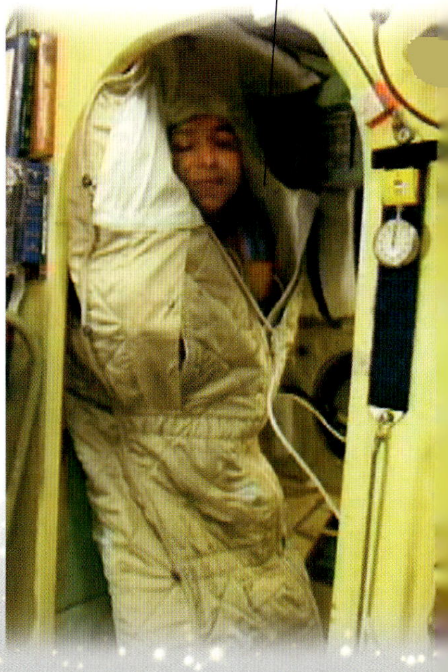

RAUMFAHRTNATIONEN

Heute haben viele Länder Satelliten im All. Auf der ganzen Welt gibt es mehr als 30 Weltraumstartplätze, u. a. in Indien, Japan, Europa, in Russland und in den USA. Die Zahl der Nationen, die Menschen ins All schicken, ist jedoch viel kleiner. China zählt erst seit 2003 dazu. Damals flog der Astronaut Yang Liwei mit der Raumkapsel *Shenzou* 5 in die Erdumlaufbahn.

RAKETENANTRIEB

VIELE TAUSEND MENSCHEN auf der ganzen Welt sind am Entwurf, am Bau und am Start von Raketen beteiligt, die Menschen und Satelliten ins All befördern. Innerhalb eines Jahres erfolgen mehrere Starts von Spaceshuttles und russischen *Sojus*-Raumfähren, doch sind diese Flüge selten im Vergleich zu Raketenstarts. In weniger als 50 Jahren hat die Raketentechnik große Fortschritte gemacht. Früher konnten Raketen nur fußballgroße Satelliten transportieren. Heute sind Nutzlasten von der Größe eines Schulbusses und mit mehreren Tonnen Gewicht möglich. Satelliten haben verschiedene Aufgaben. Manche beobachten das Wetter, andere übermitteln Telefongespräche oder leiten Fahrzeuge auf der Erde.

Die *Sea-Launch*-Rakete

RAKETENGESELLSCHAFTEN

Wer einen Satelliten ins All schicken will, kann unter verschiedenen Gesellschaften und Firmen wählen, die Raketen anbieten. Am bekanntesten sind *Sojus-*, *Proton-*, *Ariane-*, *Delta-*, oder *Atlas*-Raketen. Die Firma *Sea Launch* startet ihre Raketen von einer ehemaligen Ölbohrinsel im Pazifischen Ozean.

RAKETENTREIBSTOFF

Es gibt verschiedene Arten von Raketen. Manche Raketen, wie diese *Ariane* 5, haben einen großen Flüssigtreibstofftank und zwei Feststoff-Zusatztriebwerke. Andere Raketen verwenden entweder festen oder flüssigen Treibstoff, und wieder andere bestehen aus mehreren betankten „Stufen“, die nacheinander zünden, um die Nutzlast ins All zu transportieren.

Die Nutzlast *befindet sich in der Raketenspitze.*

Missionsabzeichen *und Flaggen zieren die Außenseite der Rakete.*

Feststoff-Zusatztriebwerke *verleihen der Rakete mehr Kraft.*

Das starke Vulcain-Triebwerk *hilft auch beim Lenken der Rakete.*

Eine Ariane-5-Rakete *erzeugt ausreichend Schubkraft für acht Tonnen Nutzlast.*

ERS-1, *der Europäische Fernerkundungssatellit, wurde 1991 gestartet. Alle 35 Tage hat er jeden Teil der Welt einmal überflogen. Heute ist er nicht mehr in Betrieb.*

SATELLITEN

Satelliten sind sehr robust. Beim Start werden sie heftig durchgerüttelt, um schließlich in den kalten, luftleeren Weltraum zu gelangen. Von kleinen „Mikrosatelliten“ bis hin zu riesigen Weltraumteleskopen und Erdbeobachtungssatelliten reicht ihre Größe. Sie erfüllen die unterschiedlichsten Aufgaben, z. B. als Nachrichten-, Wetter- oder Militärsatelliten.

***Der Außentank** enthält den Treibstoff für die Haupttriebwerke des Shuttles.*

***Die Feststoffraketen-Zusatztriebwerke** fallen ins Meer und werden geborgen.*

***Die mobile Startplattform** transportiert den Shuttle zur Startrampe.*

KONTROLLZENTRUM

Menschen und Satelliten sicher ins All zu bringen ist Aufgabe von Kontrollzentren auf der Erde. Bemannte Raumflüge sind besonders kompliziert, daher sind immer mindestens zwei Kontrollzentren beteiligt. Falls eines ausfällt, kann das andere dessen Arbeit übernehmen.

SHUTTLE-START

Dieser Spaceshuttle-Orbiter wurde drei Monate auf den Start vorbereitet. Jeder Zentimeter wurde überprüft. Zuletzt brachte man die Raketen an. Der Shuttle wird mit 2 km/h von der riesigen Montagehalle zur Startrampe befördert. Dort werden die Tanks gefüllt und die letzten Startvorbereitungen getroffen.

SHUTTLE-LANDUNG

Der Shuttle braucht von der Umlaufbahn bis zur Landung etwa eine Stunde. Die Landebahn ist doppelt so lang und breit wie eine Landebahn für Flugzeuge. Der Spaceshuttle ist wie ein großer Segelflieger mit nur einem Landeversuch. Daher muss der Pilot alles richtig machen.

***Das Ruder** hilft bei der Steuerung des Landeanflugs.*

***Landebremsschirme** bremsen den Shuttle nach der Landung zusätzlich ab.*

ORBITER

DER SPACESHUTTLE-ORBITER ist ein ganz besonderes Raumfahrzeug. Er fliegt mit einer Geschwindigkeit von 28 800 km/h in der Erdumlaufbahn. Die Unterseite ist dabei immer der Erde zugewandt. Wenn er die Flugbahn ändern will, z. B. um sich dem Hubble-Weltraumteleskop zu nähern, zündet er die Triebwerke. Die Ladeklappen werden zum Kühlen des Shuttles geöffnet und die sieben Astronauten an Bord steuern den Orbiter behutsam zum Teleskop hin. Das Teleskop wird mit einem Roboterarm eingefangen und in der Ladebucht verstaut. Nach genauer Überprüfung der Raumanzüge und der Werkzeuge verlassen zwei Astronauten das Raumschiff. Einer der beiden bleibt in der Ladebucht angebunden und lenkt den Roboterarm, auf dem der andere Astronaut steht. Solche Reparaturen werden vor der Mission stundenlang an Simulatoren eingeübt und von der Erde aus überwacht.

DER *SPACESHUTTLE*-ORBITER

1. **Hitzeschild:** *Siliziumkacheln verhindern, dass der Orbiter beim Wiedereintritt in die Erdatmosphäre verglüht.*
2. **Roboterarm:** *Die Astronauten bewegen mit dem Arm Satelliten oder Teile von Raumstationen.*
3. **Fenster:** *6,5 cm dick. Die dicksten Fensterscheiben, die je hergestellt wurden – aber auch sie gehen kaputt.*
4. **Hubble:** *Weltraumteleskope ermöglichen einen klaren Blick ins All. Das Hubble-Teleskop wird oft gewartet.*
5. **Weltraumspaziergang:** *Die Astronauten sind angebunden, damit sie nicht davonschweben.*
6. **Ladebucht:** *18,30 m lang und 4,60 m breit. Hier sind Instrumente, Werkzeuge, Satelliten und sogar ein Labor verstaut.*
7. **Ladeklappen:** *Sie werden im All geöffnet, um die Kühler freizulegen, die eine Überhitzung des Orbiters verhindern.*
8. **Cockpit:** *Pilot und Kommandeur sind mit dem Kontrollzentrum verbunden, wenn der Roboterarm im Einsatz ist.*
9. **Unterdeck:** *Hier befinden sich die Aufenthaltsräume für die Astronauten, wo sie kochen, essen, schlafen und trainieren.*
10. **Nasenkegel:** *Er enthält das vordere Fahrwerk und Triebwerke zur Steuerung des Orbiters im All.*

SHUTTLE-LABORS

Die Ladebucht des US-Spaceshuttles beherbergt Paletten und Container mit Instrumenten und Ausrüstung. Sie kann aber vorübergehend auch als Forschungsstation dienen. Die Ausrüstung des Shuttles umfasst Teleskope und Experimentiervorrichtungen. Manchmal wird die ganze Ladebucht von einem Labor eingenommen, z.B. von *Spacelab*, *Neurolab* oder dem von vier Personen genutzten *Spacehab*.

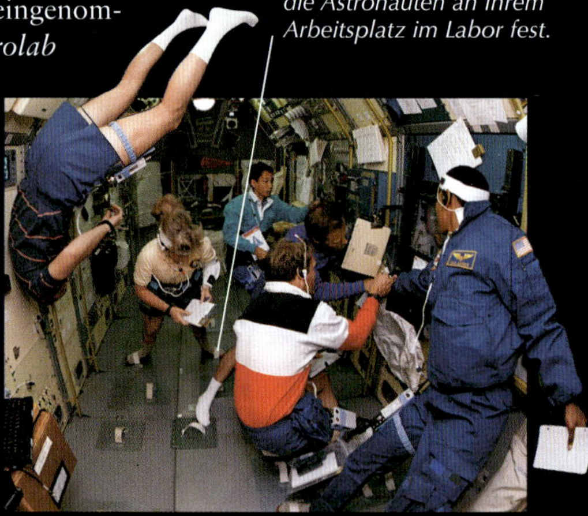

SPACELAB IM ALL

Das wiederverwendbare Labor *Spacelab* der Europäischen Weltraumbehörde flog zwischen 1983 und 1997 viele Male mit einem Spaceshuttle ins All. Hier konnten Astronauten Experimente in der Schwerelosigkeit durchführen. Im All gibt es kein „oben“ oder „unten“, selbst an der Decke befinden sich Halterungen für die Ausrüstung.

RAUMSTATIONEN

IN KLEINEN RAUMFAHRZEUGEN, wie der *Apollo*-Kapsel, konnten die Astronauten nur wenige Wochen bleiben. Um herauszufinden, ob Menschen im All leben und arbeiten können, waren jedoch längere Aufenthalte nötig. Die Sowjetunion baute 1971 mit *Saljut 1* eine erste Raumstation. Die USA folgten 1973 mit *Skylab*. Fünfmal größer als *Saljut* ermöglichte *Skylab* Forschungsarbeiten im Weltraum. Die Beziehungen zwischen den USA und der früheren Sowjetunion verbesserten sich und so wurde der Bau einer internationalen Raumstation vorstellbar. Zukunftsweisend war die russische Raumstation *Mir*. Hier arbeiteten Astronauten aus verschiedenen Ländern zusammen. An Bord der *Mir* konnten sie neue Techniken ausprobieren.

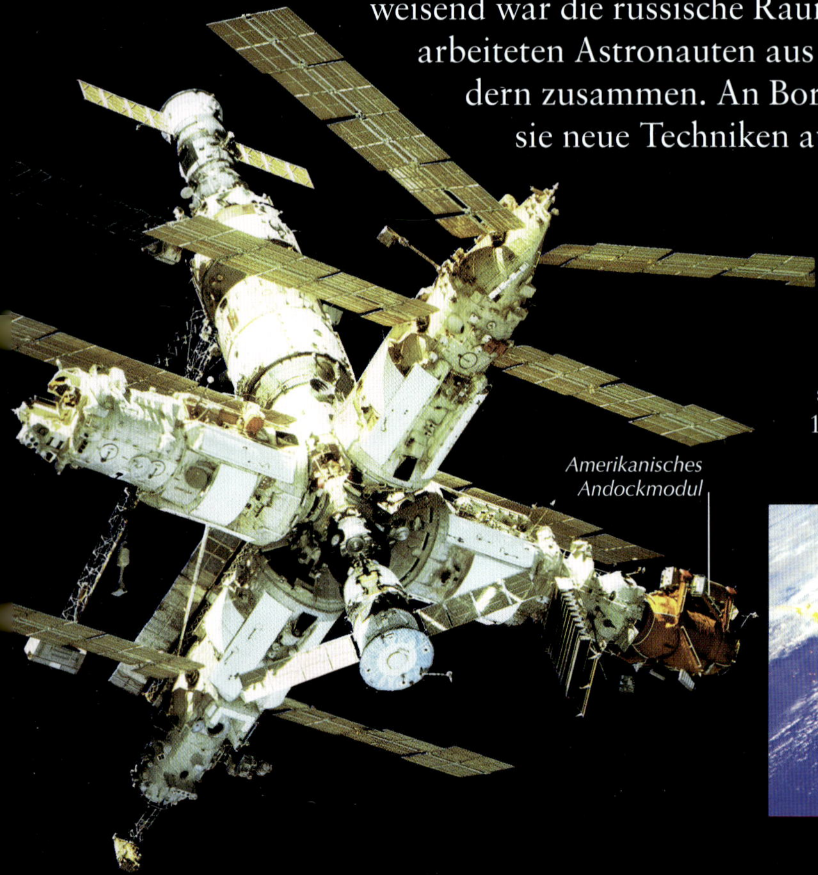

DIE RAUMSTATION *MIR*

Die 1986 ins All geschossene *Mir* wurde zum Versuchsobjekt für die internationale Zusammenarbeit im Weltraum. Insgesamt besuchten die *Mir* 104 Menschen aus vielen verschiedenen Ländern. Sie kamen mit dem Shuttle oder dem russischen *Sojus*-Raumfahrzeug. Nach 75 Weltraumspaziergängen und 16 500 Experimenten wurde im Jahr 2000 ihr Betrieb eingestellt.

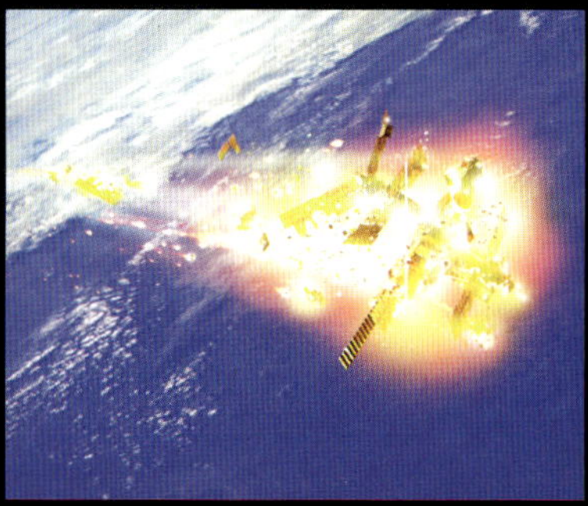

DIE *MIR* VERGLÜHT

Die *Mir* sollte fünf Jahre in Betrieb sein, doch es wurden fast 15 Jahre. Im März 2001 lenkte ein angedocktes unbemanntes Raumfahrzeug die Station aus der Erdumlaufbahn. Die *Mir* verglühte über den Fidschi-Inseln, ihre Überreste stürzten in den Pazifischen Ozean.

PFLANZEN IM WELTRAUM

Unter den Bedingungen der Schwerelosigkeit lassen sich im All Experimente durchführen, die auf der Erde nicht möglich sind. So kann man z. B. herausfinden, wie Pflanzen in der Schwerelosigkeit wachsen, um einmal Nahrung im All produzieren zu können. Bei anderen Experimenten werden Kristalle für die Herstellung von Medikamenten gezüchtet und neue Metalle für Computer entwickelt.

***Weizen** richtet sich beim Wachsen nach dem Licht.*

DIE INTERNATIONALE RAUMSTATION (ISS)

Die Internationale Raumstation (ISS – International Space Station) entsteht in Zusammenarbeit von 16 Ländern. Die fertige Station wird über sechs Labors verfügen und so viel Platz wie ein Zweifamilienhaus einnehmen. Es werden noch mindestens 20 Starts benötigt, um die restlichen Teile ins All zu bringen. Besetzt wurde die Station im Oktober 2000 – seither halten sich zum ersten Mal in der Geschichte ständig Menschen im Weltraum auf.

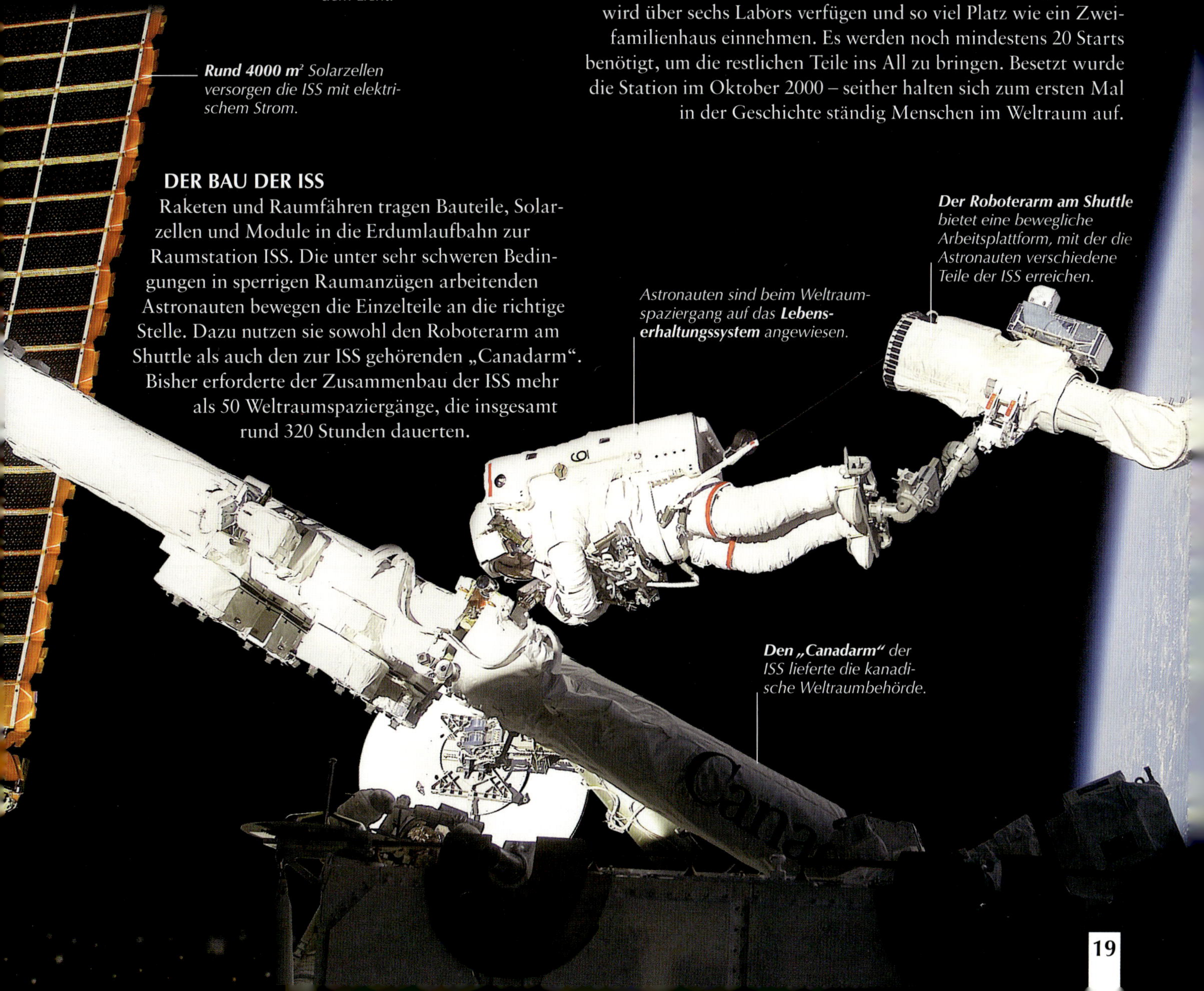

***Rund 4000 m²** Solarzellen versorgen die ISS mit elektrischem Strom.*

DER BAU DER ISS

Raketen und Raumfähren tragen Bauteile, Solarzellen und Module in die Erdumlaufbahn zur Raumstation ISS. Die unter sehr schweren Bedingungen in sperrigen Raumanzügen arbeitenden Astronauten bewegen die Einzelteile an die richtige Stelle. Dazu nutzen sie sowohl den Roboterarm am Shuttle als auch den zur ISS gehörenden „Canadarm". Bisher erforderte der Zusammenbau der ISS mehr als 50 Weltraumspaziergänge, die insgesamt rund 320 Stunden dauerten.

***Der Roboterarm am Shuttle** bietet eine bewegliche Arbeitsplattform, mit der die Astronauten verschiedene Teile der ISS erreichen.*

*Astronauten sind beim Weltraumspaziergang auf das **Lebenserhaltungssystem** angewiesen.*

***Den „Canadarm"** der ISS lieferte die kanadische Weltraumbehörde.*

HOCH GELEGENE TELESKOPE

Hohe Berggipfel bieten die beste Sicht von der Erde zum Himmel. An den geeignetsten Stellen, meist über den Wolken, wurden Teleskope in großen Observatorien errichtet. In großen Höhen ist der Himmel klar und die Luft ruhig. Nur unter solchen Voraussetzungen können Astronomen Feinheiten beobachten, die sie in tieferen Lagen nicht sehen könnten. Astronomen müssen sich lange vorher anmelden, wenn sie die größten Teleskope der Welt nutzen möchten, wie dieses von Las Campanas in Chile.

Blick ins All

Einen Stern oder eine Galaxie kann man nicht einfach in ein Labor packen und untersuchen. Daher mussten Astronomen andere Wege finden, um Vorgänge im All zu verstehen und zu beschreiben. Alle Himmelskörper senden elektromagnetische Strahlen aus. Anhand dieser Strahlen können Astronomen viele Informationen über einen Himmelskörper gewinnen, z. B. wie heiß er ist, woraus er besteht und wie weit er von der Erde entfernt ist. Sie können sogar berechnen, wie schnell sich der Körper durchs All bewegt. Noch im 19. Jahrhundert glaubten die Menschen nicht daran, das Universum jemals zu verstehen. Heute stehen den Astronomen vielfältige Instrumente zur Verfügung – von Ballons über Satelliten bis hin zu riesigen Teleskopen – und jedes neue Instrument gibt neue Einblicke in das Universum, in dem wir leben.

RÖNTGENBILDER

Selbst wenn Astronomen Himmelskörper im sichtbaren Licht und via Radiowellen sehen können, nehmen sie häufig auch Röntgenbilder davon auf. Denn auf diesen sind auch die heißeren, energiereicheren Bereiche sichtbar. Dieses Bild zeigt dasselbe Objekt wie das Radiobild (unten).

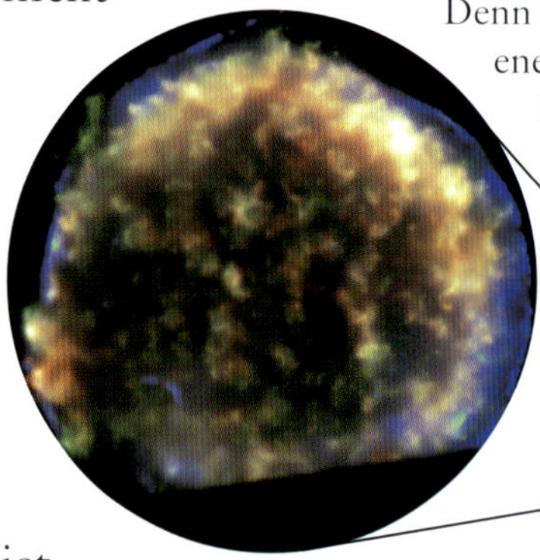

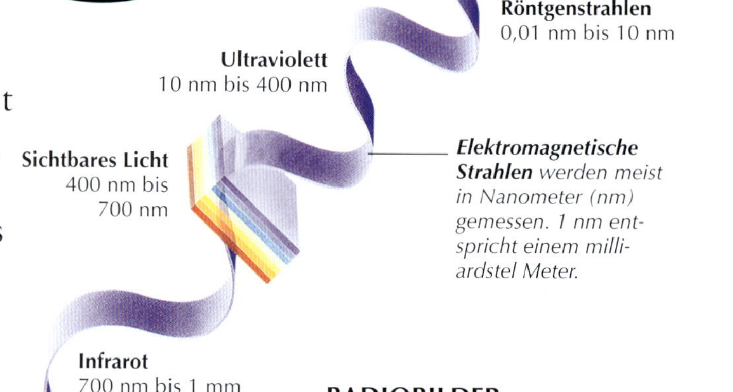

Elektromagnetische Strahlen *werden meist in Nanometer (nm) gemessen. 1 nm entspricht einem milliardstel Meter.*

DAS ELEKTROMAGNETISCHE SPEKTRUM

Die elektromagnetische Strahlung ist eine Energieform, die sich mit Lichtgeschwindigkeit ausbreitet. Sie bewegt sich in Form einzelner „Wellenpakete“, die Photonen genannt werden. Je kleiner die Wellen sind, desto mehr Energie tragen die Photonen. Das elektromagnetische Spektrum umfasst alle Wellenlängen – von energiearmen langwelligen Radiowellen bis hin zu hochenergetischen Gammastrahlen mit den kürzesten Wellenlängen.

RADIOBILDER

Die kühleren Bereiche von Sternen, Gaswolken und Galaxien senden Radiowellen aus. Mit Radioteleskopen können große Objekte im All entdeckt und aufgezeichnet werden, so wie diese Reste eines explodierten Sterns. Radiowellen von der Sonne zeigen uns deren Aktivität.

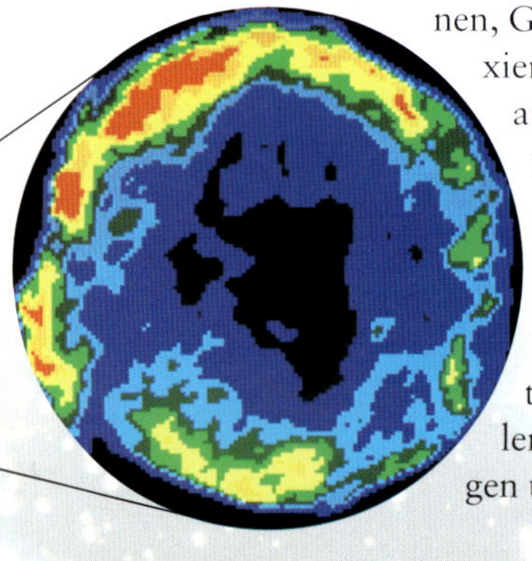

WELTRAUMOBSERVATORIEN

Die Atmosphäre der Erde schützt uns vor schädlicher Strahlung, z. B. vor ultravioletten Strahlen und Röntgenstrahlen. Das bedeutet aber auch, dass Astronomen diese Strahlen auf der Erde nicht empfangen können. Sie brauchen daher Observatorien außerhalb der Atmosphäre. Oft richten mehrere Staaten ein gemeinsames Weltraumteleskop ein, wie z. B. das Chandra-Röntgenobservatorium (rechts).

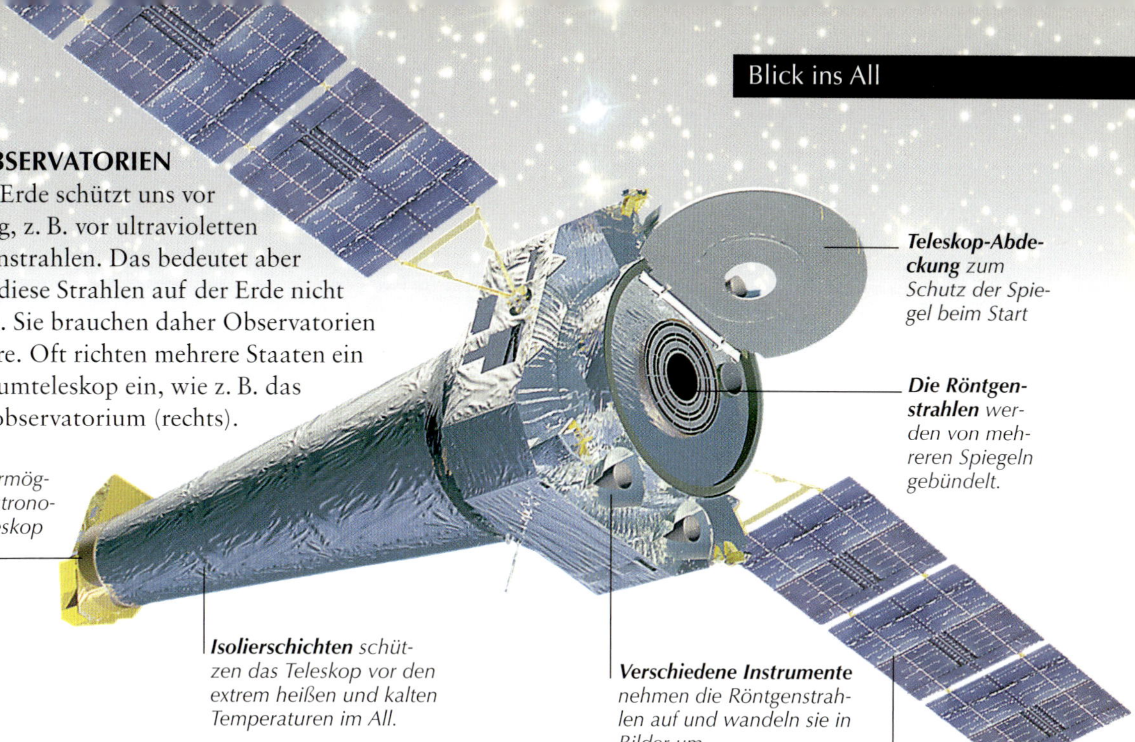

RAKETEN UND BALLONS

Der Transport großer Teleskope ins All ist sehr teuer. Aus diesem Grund führen Astronomen Beobachtungen mit Detektoren (Empfangsgeräten) durch, die sie mit Ballons oder Raketensonden in die obere Atmosphäre schicken. Eine Raketensonde ist eine Rakete, die in großen Höhen Informationen sammelt und diese zur Erde funkt. Oft werden so neue Detektoren ausprobiert, bevor sie an großen Teleskopen im All eingesetzt werden. Dieser Ballon trägt eine Gammastrahlen-Kamera, die einen explodierenden Stern aufnehmen soll.

RADIOTELESKOPE

Radiowellen können so lang sein wie ein Fußballplatz, daher müssen auch die Schüsseln, mit denen man sie einfängt, sehr groß sein. Der Bau solch großer Schüsseln ist jedoch schwierig. Stattdessen arbeiten Astronomen mit mehreren Teleskopen, wie den 27 Schüsseln des Very Large Array in New Mexico, USA. Sie verteilen sich über ein Gebiet von 36 km. Die empfangenen Radiosignale werden zu einem Bild zusammegefasst.

INTERSTELLARE MATERIE
Galaxien enthalten große „Wolken“ aus Gas und Staub – die Materie, aus der neue Sterne entstehen. Ein Teil des Gases kommt von Sternen, die vor langer Zeit explodierten oder ihre äußeren Schichten abstießen. Sternhaufen bilden sich, wenn eine Schockwelle – vielleicht von einem in der Nähe explodierten Sterns – im Innern der Wolke dichte Klumpen, so genannte Kerne, entstehen lässt.

Leben eines Sterns

In einer klaren Nacht kann man etwa 2000 Sterne sehen. Sie wirken winzig, doch das liegt nur daran, dass sie sehr weit von uns entfernt sind. Aus der Nähe betrachtet würden sie unserer Sonne ähneln – riesige Kugeln aus unvorstellbar heißen Gasen. Die Schwerkraft spielt bei der Geburt, dem Leben und dem Tod eines Sterns eine bedeutende Rolle. Die Lebenszeit und die Art des Todes hängen von der Masse eines Sterns ab. Die meisten Sterne sind ähnlich groß und massereich wie die Sonne, manche sind kleiner und masseärmer. Es gibt aber auch größere, massereichere Sterne. Mindestens die Hälfte aller Sterne im Universum bilden ein Doppelsternsystem, bei dem sich zwei Sterne gegenseitig umrunden.

Der Adlernebel, ein Sternentstehungsgebiet

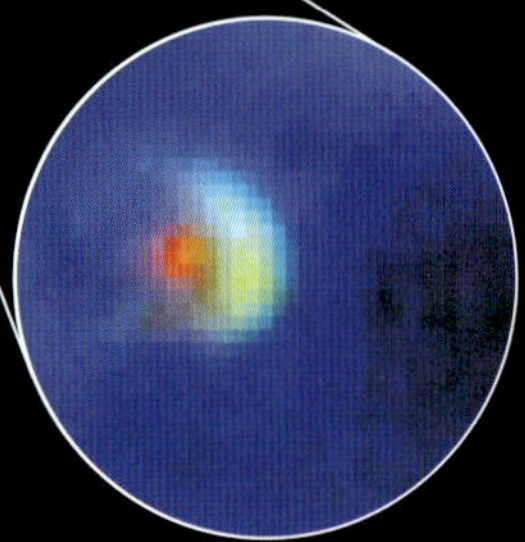

EIN PROTOSTERN
In einer sternbildenden Molekülwolke beginnt eine Gasanhäufung noch mehr Gas anzuziehen. Dadurch nehmen die Masse des Gasklumpens und auch die Anziehungskraft zu. Immer mehr Gas strömt zusammen, wird dichter und dadurch heißer und beginnt zu leuchten. Das nennt man einen Protostern.

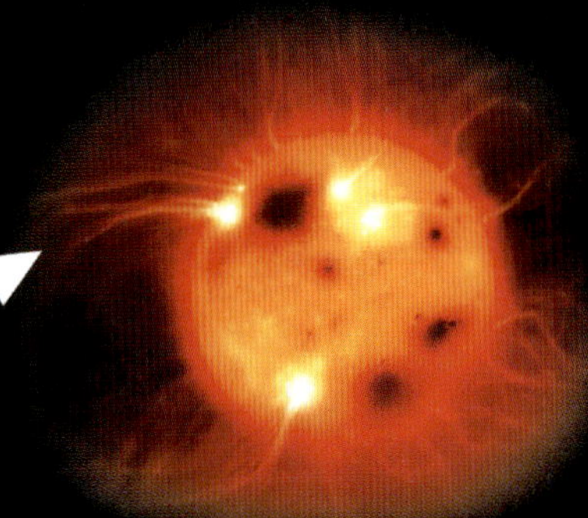

EIN JUNGER STERN
Die Schwerkraft zieht das Gas nach innen. Die Kraft des gesamten, nach innen drückenden Gases presst schließlich das Zentrum so stark zusammen, dass es dort extrem heiß wird und erste Kernreaktionen stattfinden. Die von den Kernreaktionen nach außen strömende Energie verhindert, dass der Stern weiter in sich zusammenfällt.

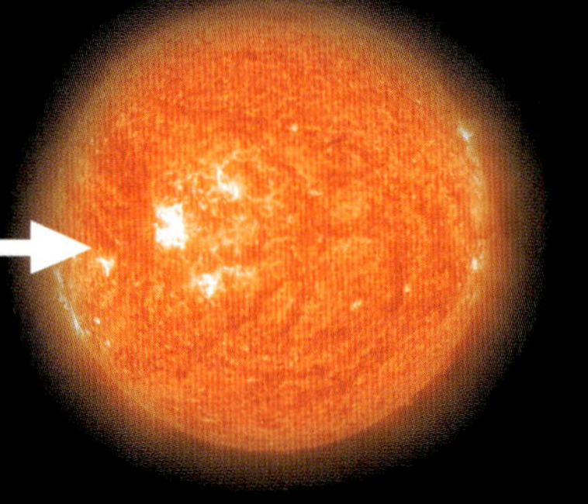

EIN HAUPTREIHENSTERN
Die vom Kern nach außen strömende Energie gleicht schließlich die nach innen gerichtete Schwerkraft aus. Sobald dieser Ausgleich eingetreten ist, „verbrennt“ der Stern gleichmäßig seinen Wasserstoff zu Helium. Sehr massereiche Sterne brauchen ihren Brennstoff schon nach einigen Millionen Jahren auf, weniger massereiche Sterne brennen dagegen mehrere Milliarden Jahre.

PROPLYDS

Mithilfe eines Satelliten wurde 1983 um den nahe gelegenen Stern Beta Pictoris eine Staubscheibe entdeckt. Der Satellit nahm Himmelskörper auf, die Infrarotstrahlung aussenden. Der Staub wurde von dem Stern erhitzt und leuchtete hell. Damit hatten Astronomen zum ersten Mal den Beweis, dass junge Sterne von Materie, aus der sich Planeten bilden, umgeben sein können. Man nennt sie daher protoplanetarische Scheiben oder Proplyds.

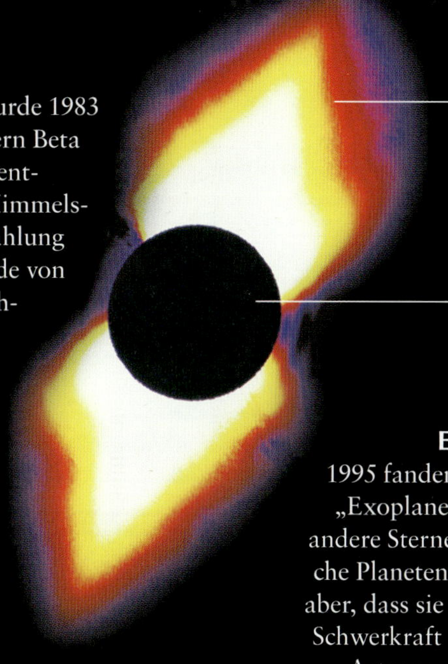

***Der Staub** breitet sich in einem verlängerten Band aus, das man hier von der Seite sieht.*

***Der helle Stern in der Mitte** ist im Bild verdeckt, um den schwach leuchtenden Staub hervorzuheben.*

EXTRASOLARE PLANETEN

1995 fanden Astronomen Hinweise auf „Exoplaneten", d. h. auf Planeten, die andere Sterne umkreisen. Wir haben solche Planeten noch nicht gesehen, wissen aber, dass sie existieren, da sie durch ihre Schwerkraft den Stern „kreiseln" lassen. Astronomen können das messen und somit die Masse der Planeten berechnen.

***Massereiche, jupiterähnliche Welten** sind die einzigen extrasolaren Planeten, die Astronomen bislang entdeckt haben.*

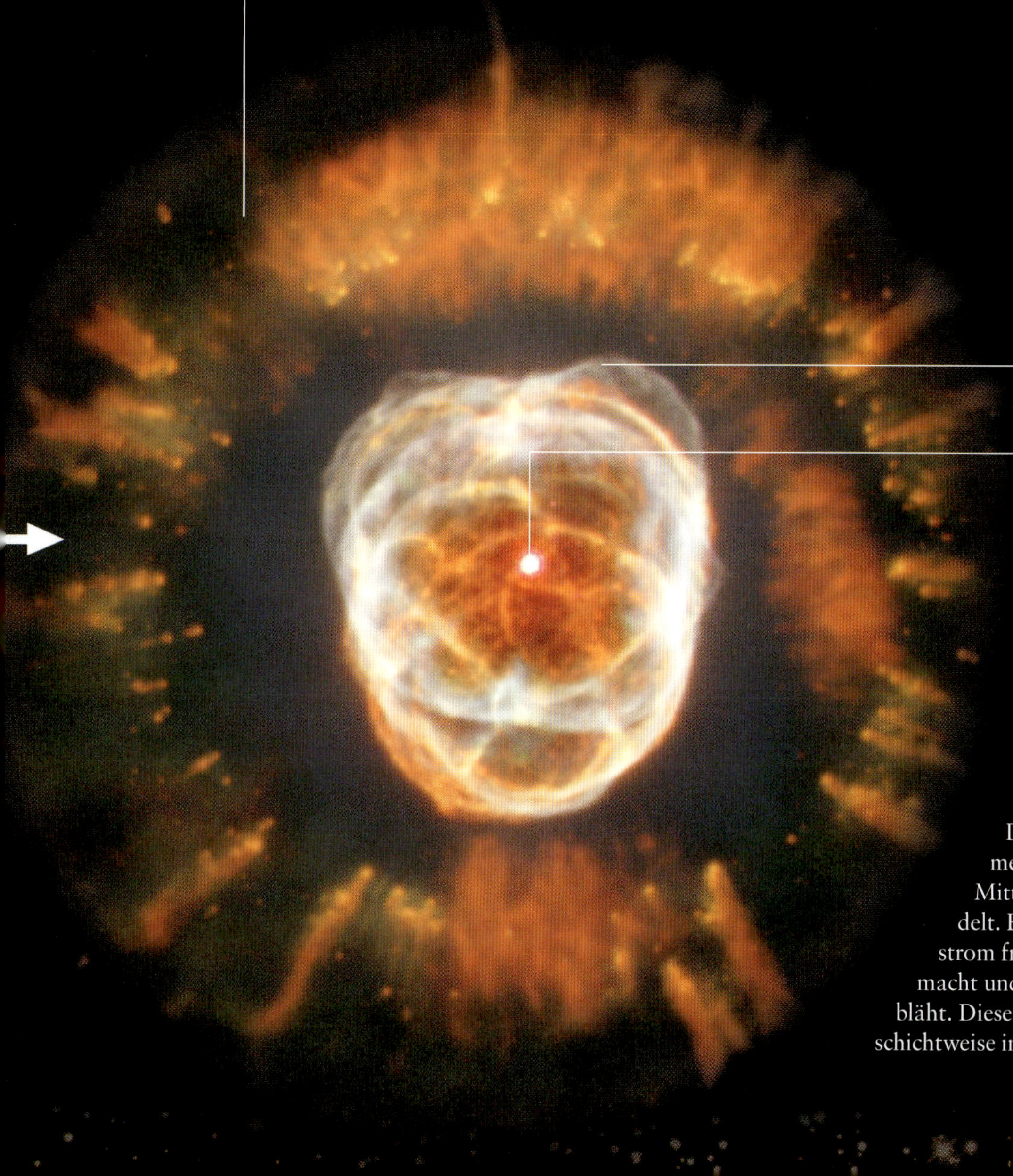

***Die äußeren Schichten** treiben ins All. Dies nennt man einen planetaren Nebel.*

***Die inneren Schichten** leuchten aufgrund der ultravioletten Strahlung des sterbenden Sterns.*

***Als „Weißen Zwerg"** bezeichnet man den in sich zusammengestürzten Kern des ursprünglichen Sterns.*

STERNENTOD

Bei allen Sternen geht irgendwann der Wasserstoff im Kern zur Neige. Wenn bei mittelgroßen, sonnenähnlichen Sternen die Energie nicht mehr nach außen strömt, gewinnt die nach innen gerichtete Schwerkraft die Überhand. Der Stern wird so lange zusammengedrückt, bis sich in seiner Mitte Helium in Kohlenstoff umwandelt. Es wird ein gewaltiger Energiestrom freigesetzt, der den Stern unstabil macht und zu einem „Roten Riesen" aufbläht. Dieser stößt dann seine Materie schichtweise ins All ab.

Supernova

Massereiche Sterne beenden ihr Leben mit einer gewaltigen Explosion. Wenn sie viel mehr Masse besitzen als die Sonne, leben sie nur einige Millionen Jahre. Im dichten, unvorstellbar heißen Kern eines massereichen Sterns geht der ursprüngliche Wasserstoff durch Kernreaktionen in andere Elemente über, die sich vom Zentrum aus schichtweise ansammeln. Die Mitte des Kerns verwandelt sich schließlich in Eisen. Das Eisen kann jedoch nicht weiter umgewandelt werden und somit auch keine Energie freisetzen. Da nun keine Energie mehr aus dem Zentrum strömt, stürzt der Kern in sich zusammen, was eine gewaltige Supernova-Explosion verursacht.

SUPERNOVA IN DER MAGELLAN'SCHEN WOLKE
Explodierende Sterne leuchten so hell, dass sie oft eine ganze Galaxie überstrahlen. Im Jahr 1987 explodierte ein Stern in der Großen Magellan'schen Wolke, einer Galaxie 160 000 Lichtjahre von uns entfernt. Es war die erdnächste Supernova, die seit Erfindung des Teleskops stattfand. Auf den Bildern ist die Große Magellan'sche Wolke vor und nach dem dramatischen Sternentod zu sehen.

EIN ROTER ÜBERRIESE

1. **Eisenkern:** *Silizium im Sterninneren verbrennt zu einem winzigen Eisenkern. Wenn dies geschieht, bleiben nur noch wenige Tage bis zur Explosion.*
2. **„Zwiebelschalen":** *Bei sehr großen Sternen kommt es zu vielen unterschiedlichen Kernreaktionen in verschiedenen Gasschichten.*
3. **Kühlere äußere Schichten:** *Die vom Zentrum nach außen strömende Energie verhindert, dass die Schwerkraft das gesamte Gas nach innen zieht.*
4. **Oberflächenschichten:** *Weit außerhalb des Sternenzentrums sind die Gase viel kühler – etwa 25 000° C heiß.*
5. **Kollabierender Kern:** *In einer Sekunde fällt der Kern von 10 000 km Umfang auf nur 10 km Umfang in sich zusammen.*
6. **„Auswurf":** *In den letzten Sekunden entstehen viele Elemente. Aus dem Sternenstaub können sich Planeten, vielleicht sogar Lebewesen entwickeln.*
7. **Schockwelle:** *Mit einer Geschwindigkeit von ungefähr 10 000 km/s durchrast die Schockwelle das umgebende Gas und lässt es leuchten.*
8. **Energie:** *Eine Supernova-Explosion kann so viel Energie freisetzen wie die Sonne in neun Milliarden Jahren erzeugt.*

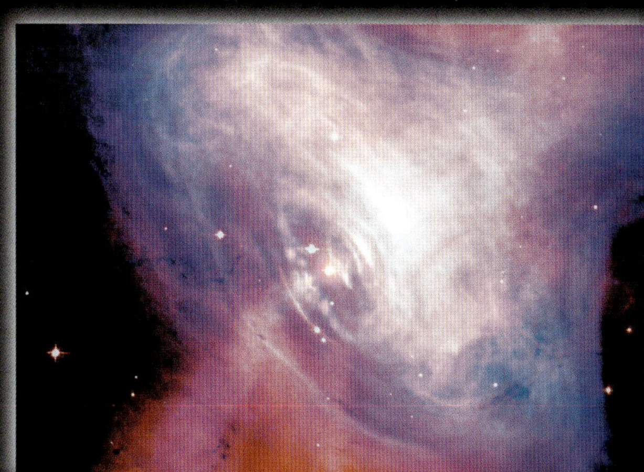

PULSAR IM STERNBILD STIER

Im Jahr 1054 beobachteten chinesische Astronomen eine hell leuchtende Supernova im Sternbild Stier. Sie war sogar am Tag sichtbar. Noch heute sind die rotierenden Reste des toten Sterns im Zentrum einer Gaswolke zu erkennen. Man bezeichnet dies als Pulsar. Wenn der Pulsar rotiert, sendet er Strahlenbündel aus, darunter Radiowellen, Licht und Röntgenstrahlen.

DIE SONNE UND IHRE PLANETEN
Dies ist eine Übersichtskarte unseres Sonnensystems. Sie ist nicht maßstabsgetreu. Bei jedem Planeten werden die durchschnittliche Entfernung zur Sonne und der Durchmesser genannt. Die Entfernungen zwischen Himmelskörpern sind sehr groß und werden hier in Millionen Kilometern (Mkm) angegeben.

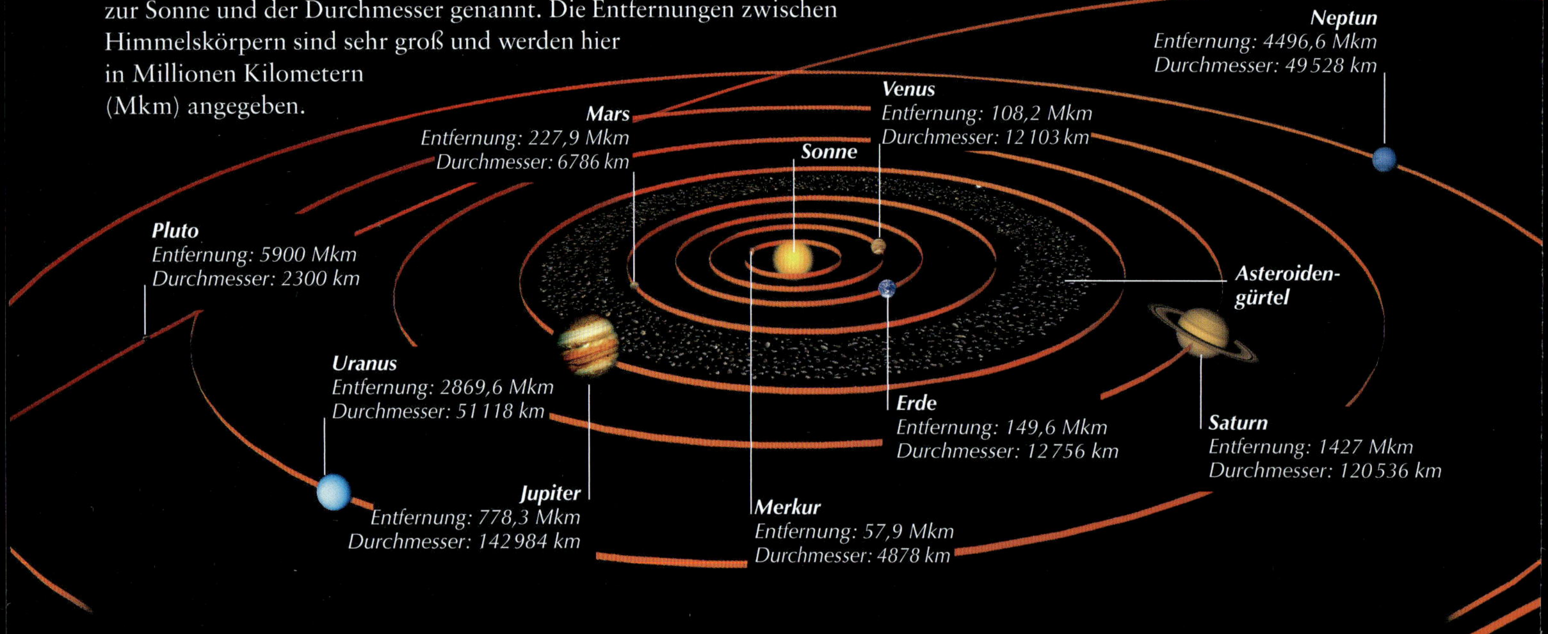

SONNE UND SONNENSYSTEM

DIE SONNE ist ein durchschnittlicher, mittelgroßer Stern. Sie entstand vor rund fünf Milliarden Jahren. Aus einer sie umgebenden Materiewolke formten sich die neun Planeten des Sonnensystems. Das Leben auf der Erde ist vom Sonnenlicht abhängig, daher ist es für uns wichtig, die Sonne zu erforschen. Raumsonden sammeln Informationen über sie. Und je mehr wir über den uns nächsten Stern erfahren, umso mehr wissen wir auch über die weit entfernten Sterne. Jede Sekunde verwandelt die Sonne durch Kernreaktionen tonnenweise Materie in Energie. Irgendwann wird die Sonne ausgebrannt sein, aber das dauert noch ungefähr fünf Milliarden Jahre.

Protuberanz, *ein gewaltiger Gasbogen in der Sonnenatmosphäre*

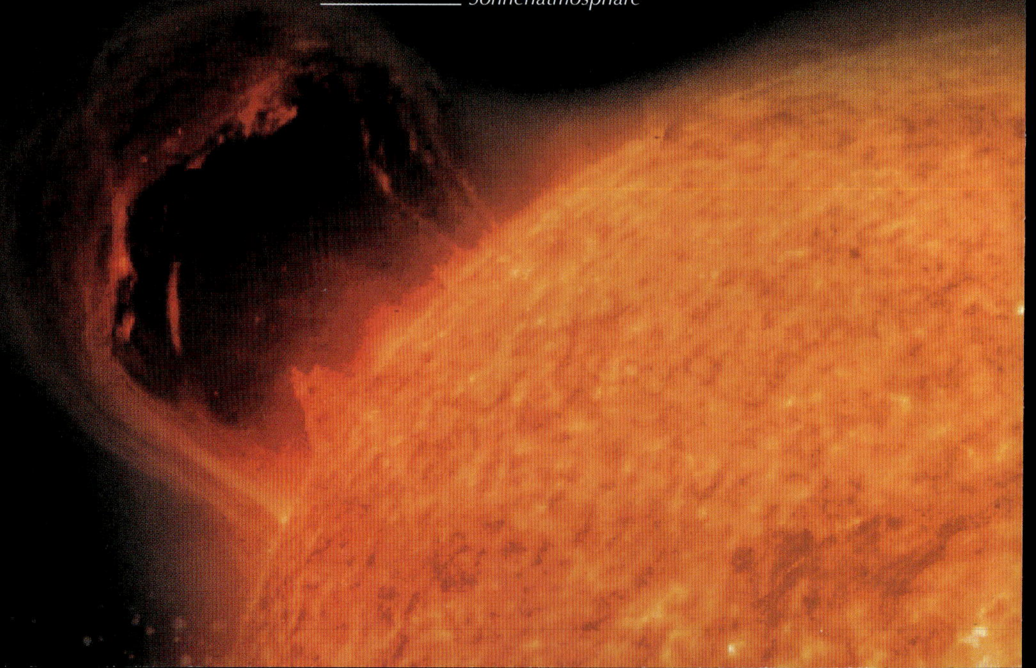

AKTIVE SONNE
An der Sonnenoberfläche entstehen durch Freisetzung magnetischer Energie Flares (Sonneneruptionen), die hochenergetische Teilchen und Strahlung in den Weltraum senden. Die Aktivität der Sonne durchläuft Zyklen, die alle elf Jahre einen Höhepunkt erreichen. Astronomen können die Ausbrüche und aktiven Sonnenflecken am besten auf Ultraviolettbildern wie diesem erkennen.

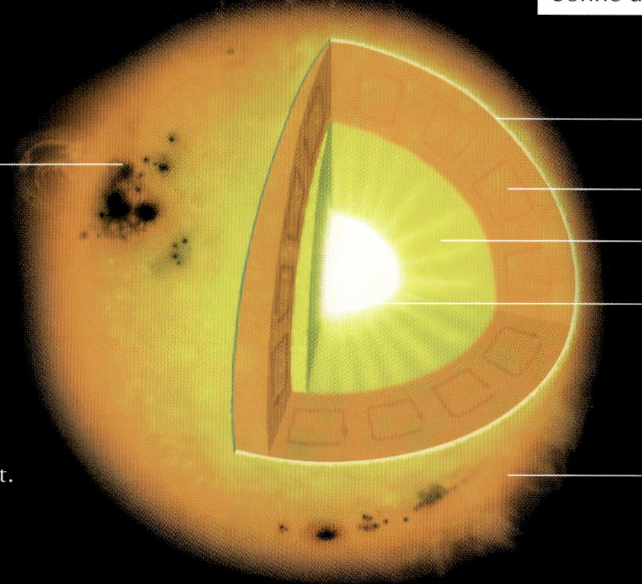

Sonnenflecken *sind Magnetstürme auf der Sonnenoberfläche. Manchmal sind sie viel größer als die Erde.*

Die Korona*, die äußere Atmosphäre der Sonne: Hier erreichen die Temperaturen mehrere Millionen Grad Celsius.*

DAS INNERE DER SONNE

Die Sonne ist eine massereiche Kugel aus siedend heißem Gas. Im Kern finden Kernreaktionen statt, bei denen sich Wasserstoffatome in Helium verwandeln. Diese Reaktionen setzen Energie frei, die den Stern leuchten lässt. Die Kernenergie braucht 300000 Jahre, bis sie aus dem Inneren der Sonne an die Oberfläche gelangt.

DAS MAGNETFELD DER ERDE

Die Erde hat ein Magnetfeld, das wie ein Schutzschild wirkt und die geladenen Teilchen der gewaltigen Sonnenausbrüche fernhält. Das Magnetfeld schützt unseren Planeten vor den gefährlichen Strahlen. Zum Glück ist die Sonne etwa 150 Millionen Kilometer von uns entfernt.

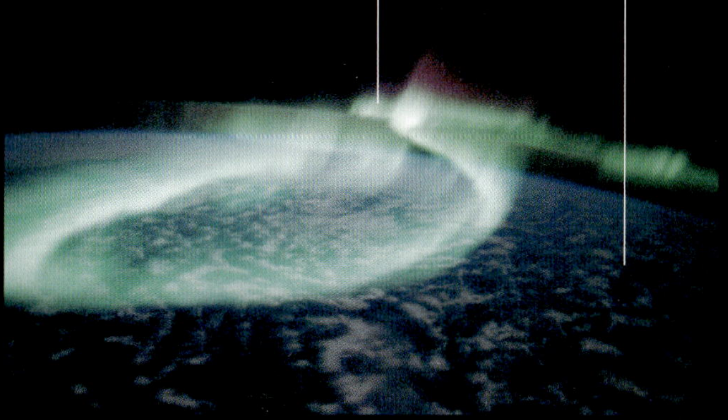

Polarlicht: *Elektronen des Sonnenwindes stoßen mit Luftmolekülen zusammen und bringen den Himmel zum Leuchten.*

Wolkenoberseiten *in der Erdatmosphäre*

POLARLICHT (NORD- ODER SÜDLICHT)

Wenn große Teilchenmengen von der Sonne auf das Magnetfeld der Erde treffen, lösen sie erdmagnetische Stürme aus, die die Stromversorgung beeinträchtigen und Astronauten sowie Satelliten gefährden können. Das gestörte Magnetfeld schleudert die Teilchen zur Erde. Dabei werden die oberen Luftschichten rund um die Pole erhellt. Man bezeichnet das als Polarlicht.

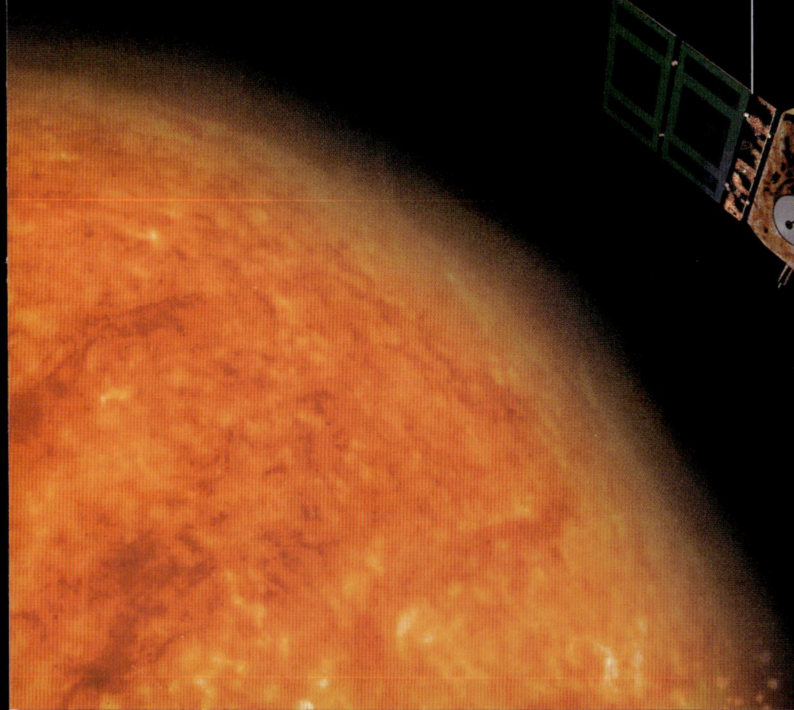

SOHO *hat die Größe eines Kleinwagens. Die Solarzellen erzeugen die notwendige Energie.*

Der Name der Raumsonde **SOHO** *steht für „Sonnen- und Heliosphären-Observatorium".*

ERFORSCHUNG DER SONNE

Eine kleine Flotte von Satelliten und Raumsonden beobachtet das „Wetter" auf der Sonne. Sie suchen nach Stürmen und geben uns Aufschlüsse über die täglichen Vorgänge auf unserem nächsten Stern. Die Raumsonde SOHO befindet sich zwischen Erde und Sonne und warnt uns vor größeren Ereignissen in der Sonnenatmosphäre.

ASTEROIDEN
Asteroiden sind Gesteinsbrocken im Sonnensystem, die nicht in einem Planeten aufgegangen sind. Die meisten von ihnen umkreisen die Sonne in einem riesigen Band, dem so genannten Asteroidengürtel, zwischen Mars und Jupiter. Manche Asteroiden folgen Bahnen, die sie der Erde sehr nahe bringen. Dieser Asteroid heißt Eros.

***Raumsonden** haben bislang nur eine Hälfte der Merkuroberfläche fotografiert.*

MERKUR
Merkur ist der sonnennächste Planet. Seine Oberfläche ist von Kratern übersät. Sie sind Spuren vom Aufprall anderer Gesteinskörper. Auf den ersten Blick ähnelt Merkur dem Mond. Ohne Wind oder Regen werden die Krater Jahrmillionen überdauern. Tagsüber ist es auf Merkur mit 420° C glühend heiß – nachts fällt dagegen die Temperatur auf unvorstellbar kalte -200° C.

INNERE PLANETEN

Die Planeten des Sonnensystems sind aus einer Materiewolke entstanden, die sich scheibenförmig um die neu geborene Sonne angeordnet hatte. In unmittelbarer Nähe zum jungen Stern war es so heiß, dass in dieser Wolke nur Gesteine und Metalle bestehen bleiben konnten. Es formten sich vier kleine „innere“ Planeten, bei denen das geschmolzene Metall zur Mitte hin sank und das leichtere Gestein die äußere Hülle bildete. Das Sonnensystem war zunächst sehr unruhig, die jungen Planeten wurden von unzähligen Gesteinsbrocken aus dem All bombardiert. Eiskometen brachten Wasser auf die Gesteinsplaneten und aus dem Gestein entwichene Gase bildeten Atmosphären. Außer ihrer Entstehung haben Merkur, Venus, Erde und Mars allerdings wenig gemein. Heute erforschen Raumsonden unsere nächsten Nachbarn, damit wir mehr über ihre Geschichte erfahren.

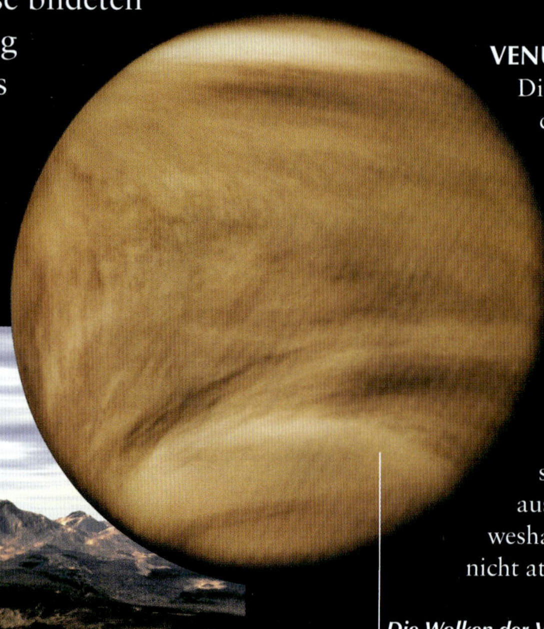

VENUS
Die Venus ist etwas kleiner als die Erde. Oft wird sie als Schwester der Erde bezeichnet. Sowohl Erde als auch Venus haben eine Atmosphäre mit Wolken. Die wirbelnde Atmosphäre der Venus ist aber sehr stark bewölkt und erzeugt einen 90-mal höheren Druck als die Erdatmosphäre. Und sie besteht aus giftigem Kohlendioxid, weshalb wir Menschen dort nicht atmen könnten.

***Die Wolken der Venus** enthalten Tropfen aus Schwefelsäure.*

UNTER DEN WOLKEN
Die Venus ist aufgrund der drückenden Atmosphäre der heißeste Planet im Sonnensystem. Merkur ist zwar näher an der Sonne, doch besitzt er keine Atmosphäre, die die Wärme festhält. Das Kohlendioxid in der Venusatmosphäre speichert die Sonnenwärme wie ein Treibhaus. Mithilfe von Radar kartierte die Raumsonde *Magellan* die mehr als 450° C heißen Gesteine und Vulkane der Venusoberfläche .

DIE ERDE, DER BLAUE PLANET

Die Erde ist der Sonne weder zu nahe noch ist sie zu weit von ihr entfernt. Die Lage der Erde ist genau richtig, damit flüssiges Wasser auf der Oberfläche existieren kann. Mit Erdbeben und Vulkanen ist die Erde sehr aktiv. Am Anfang war sie jedoch noch viel chaotischer, als es riesige Vulkane gab und häufig Gesteinsbrocken aus dem All einschlugen.

Die dunklen Bereiche auf dem Mond heißen ***Meere****, sie enthalten jedoch kein Wasser.*

Die Erdatmosphäre *reicht von der Erdoberfläche bis in etwa 500 km Höhe.*

ERDE UND MOND

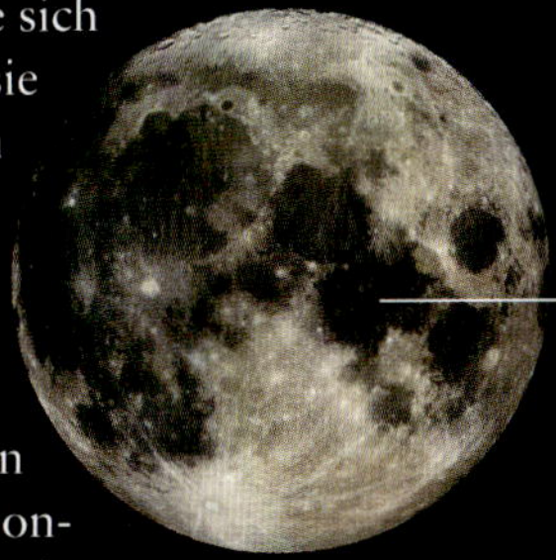

In ihrer frühen Geschichte drehte sich die Erde vermutlich schneller und sie hatte noch keinen Mond. Dann streifte sie ein großer Himmelskörper, sodass Teile der Erde ins All geschleudert wurden. Dieses Material sammelte sich in der Erdumlaufbahn und bildete später den Mond. Die Anziehungskraft des Mondes bremste schließlich die Erddrehung.

Mars hat riesige Vulkane: *Der größte, Olympus Mons, ist höher als der Mount Everest.*

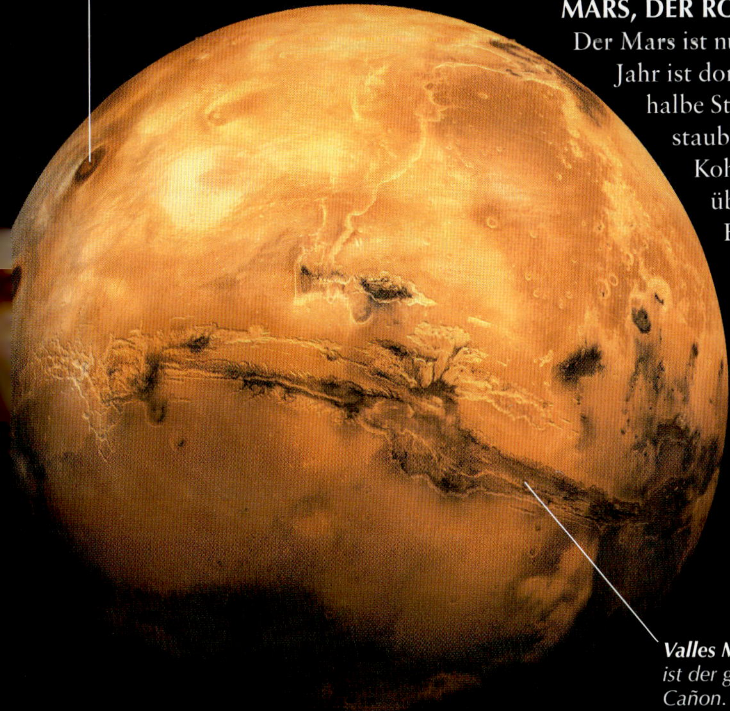

Valles Marineris *ist der größte bekannte Cañon. Er ist mehr als 4000 km lang.*

MARS, DER ROTE PLANET

Der Mars ist nur etwas mehr als halb so groß wie die Erde. Ein Jahr ist dort doppelt so lang, aber ein Marstag ist nur eine halbe Stunde länger als bei uns. Der Mars ist ein trockener, staubiger Planet mit einer sehr dünnen Atmosphäre aus Kohlendioxid. Im Sommer steigt die Temperatur selten über den Gefrierpunkt. Wasser existiert in Form von Eis an den Polkappen. Primitive Lebensformen könnten auf dem Mars überleben und vielleicht gab es früher schon mal Leben auf dem Mars.

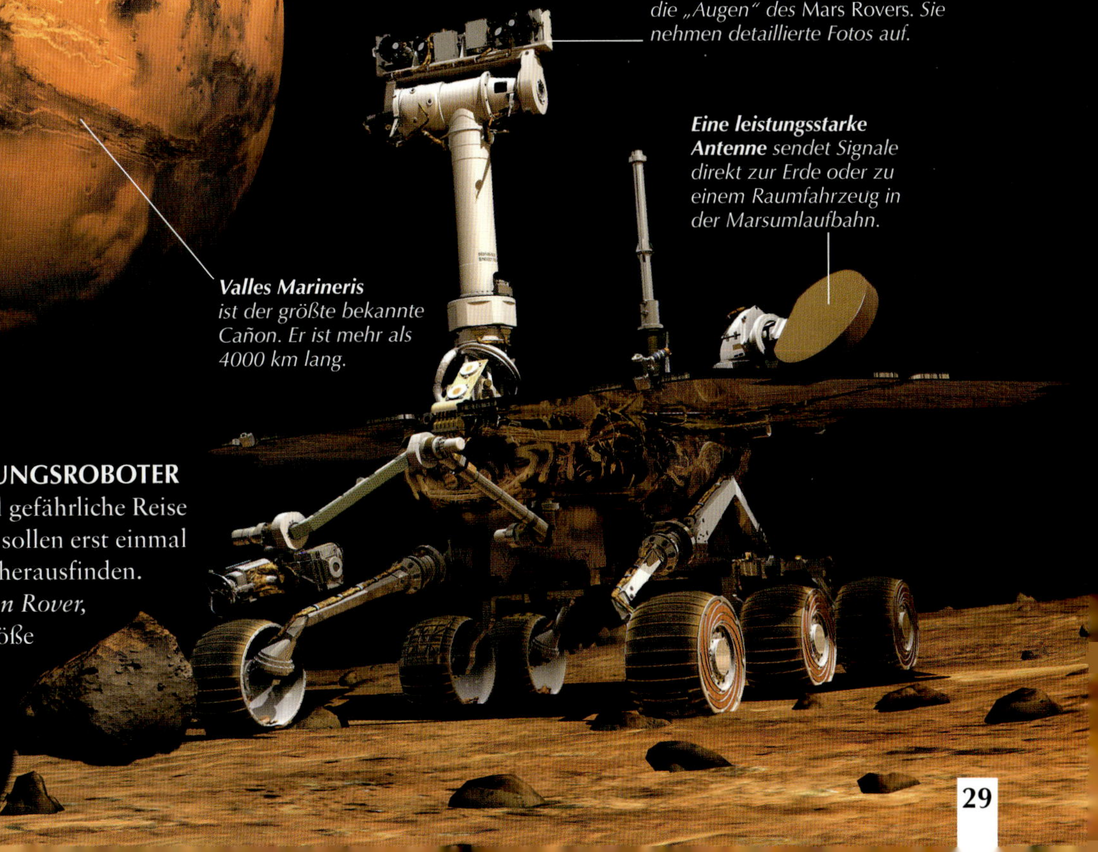

Zwei stereoskopische Kameras *sind die „Augen" des Mars Rovers. Sie nehmen detaillierte Fotos auf.*

Eine leistungsstarke Antenne *sendet Signale direkt zur Erde oder zu einem Raumfahrzeug in der Marsumlaufbahn.*

FORSCHUNGSROBOTER

Bevor Menschen auf die lange und gefährliche Reise zu den Planeten geschickt werden, sollen erst einmal Roboter möglichst viel darüber herausfinden. Manche, wie der *Mars Exploration Rover*, der 2004 landete, haben die Größe eines Kleinwagens. Andere, wie *Beagle 2*, sind nicht viel größer als ein Autoreifen.

Der Große Rote Fleck

JUPITER

Jupiter hat zweieinhalbmal so viel Masse wie alle anderen Planeten zusammen. Wäre er nur 80-mal massereicher, wäre er selbst ein kleiner Stern. Der von mehr als 60 Monden umkreiste Jupiter ist bekannt für seine bunten Wolken und den Großen Roten Fleck – einen 300 Jahre alten Wirbelsturm von der doppelten Größe der Erde.

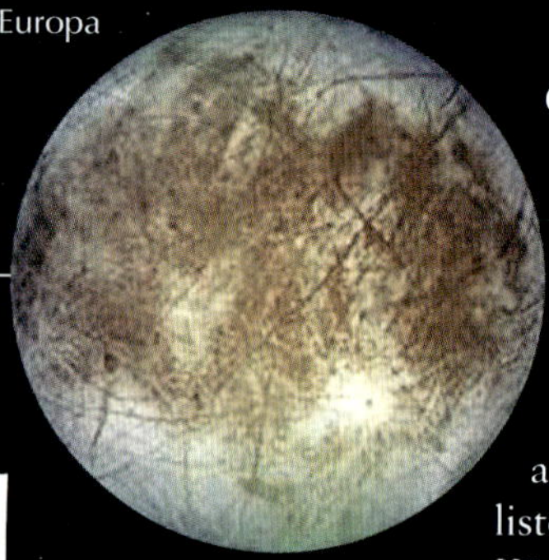

Europa

GALILEI'SCHE MONDE

Die vier Jupitermonde, die Galileo Galilei 1610 entdeckte, sind ganz eigene Welten. Unter der eisigen Kruste von Europa befinden sich vielleicht Ozeane aus Wasser, ebenso bei Kallisto. Io ist der vulkanreichste Körper im ganzen Sonnensystem. Und der von Kratern übersäte Ganymed ist größer als der Planet Merkur.

ÄUSSERE PLANETEN

DIE HITZE DER JUNGEN SONNE blies Gase und Eis in der Materiewolke nach außen. Die Gas- und Eisteilchen sammelten sich schließlich rund um Gesteinskerne an und formten die Planeten, die man als Gasriesen bezeichnet – massereiche Himmelskörper, die in Milliarden Kilometern Entfernung die Sonne umkreisen. Jupiter und Saturn, der fünfte und sechste Planet im Sonnensystem, waren schon im Altertum bekannt. Uranus und Neptun, der siebte und achte Planet, wurden erst später entdeckt, als Astronomen den Himmel mit Teleskopen absuchten. In den letzten 30 Jahren haben Raumsonden diese Planeten besucht und erforscht. Nur der äußerste Planet, der Gesteinsplanet Pluto, wurde noch nicht erreicht und ist daher für uns noch ein Geheimnis.

Das Ringsystem des Saturn *entdeckte Christiaan Huygens schon 1655.*

Falschfarbenbilder *zeigen die verschiedenen Wolkenbänder. In Wirklichkeit ist Saturn cremefarben.*

SATURN

Saturn ist der zweitgrößte Planet – und aufgrund seines auffälligen Ringsystems wohl der bekannteste. Als Galilei 1610 erstmals den Saturn beobachtete, hielt er die Ringe für Monde. Der Saturn dreht sich sehr schnell, weshalb er sich in der Mitte nach außen wölbt. Von Seite zu Seite misst er 20000 km mehr als von Pol zu Pol.

KOMETEN

Die meisten eisigen, felsigen Überreste von der Entstehung des Sonnensystems befinden sich heute in der Oort'schen Wolke, einer Wolke aus Objekten, die in großer Entfernung die Sonne umrunden. Wenn diese „schmutzigen Schneebälle" von ihrer Bahn abkommen, können sie das innere Sonnensystem kreuzen. Sobald sie sich der Sonne nähern, verdampft ein Teil des Eises und wir sehen die entstehenden Gas- und Staubströme als Kometenschweife.

URANUS

Der Astronom William Herschel entdeckte Uranus 1781 als Ersten der drei im Altertum noch nicht bekannten Planeten. Uranus ist einzigartig. Er ist so weit zur Seite geneigt, dass jeder seiner Pole auf der Sonnenumlaufbahn einmal direkt der Sonne zugewandt ist. Jede Hemisphäre (Halbkugel) des Uranus hat 42 Jahre Nacht, der 42 Jahre Tageslicht folgen.

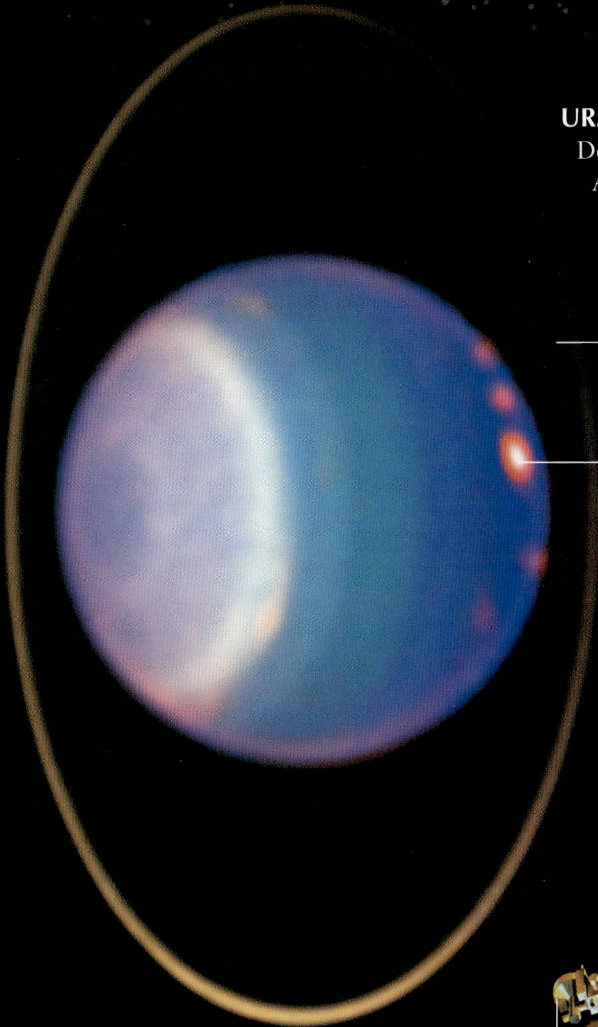

Uranus' dünne Ringe *enthalten kohlschwarze Materie.*

Stürme *durchpeitschen die wirbelnde Atmosphäre des Uranus – wie bei allen Gasplaneten.*

NEPTUN

Neptuns blau-grüne Farbe ist auf Methangas in der Atmosphäre zurückzuführen. Die weißen Flecken sind rasch ziehende Wolken des Planeten, die von 2000 km/h schnellen Winden angetrieben werden. Einer der Neptunmonde, Triton, ist sehr ungewöhnlich, mit Geysiren und rosa „Schnee". Außerdem ist er vermutlich der kälteste Ort im Sonnensystem.

Der Große Dunkle Fleck, *ein gewaltiger Sturm, wurde 1989 beobachtet. Bis 1994 war er verschwunden.*

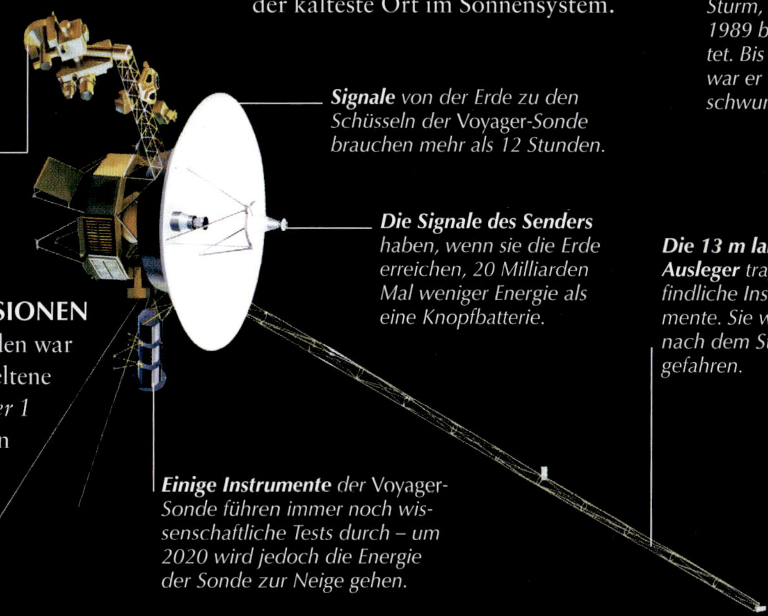

Die Fernsehkamera *einer Voyager-Sonde kann eine Zeitungsüberschrift aus 1 km Entfernung lesen und sehr lang belichtete Bilder aufnehmen.*

Signale *von der Erde zu den Schüsseln der Voyager-Sonde brauchen mehr als 12 Stunden.*

Die Signale des Senders *haben, wenn sie die Erde erreichen, 20 Milliarden Mal weniger Energie als eine Knopfbatterie.*

Die 13 m langen Ausleger *tragen empfindliche Instrumente. Sie wurden nach dem Start ausgefahren.*

Einige Instrumente *der Voyager-Sonde führen immer noch wissenschaftliche Tests durch – um 2020 wird jedoch die Energie der Sonde zur Neige gehen.*

DIE *VOYAGER*-MISSIONEN

Für die beiden 1977 gestarteten *Voyager*-Sonden war bei der Erkundung des Sonnensystems eine seltene Anordnung der Planeten von Vorteil. *Voyager 1* besuchte Jupiter und Saturn. *Voyager 2* flog an allen vier Gasplaneten vorbei. Beide Missionen machten Zehntausende neuer Entdeckungen. Die Sonden sind inzwischen schon mehr als 13 Milliarden Kilometer von der Erde entfernt und fliegen in den interstellaren Raum.

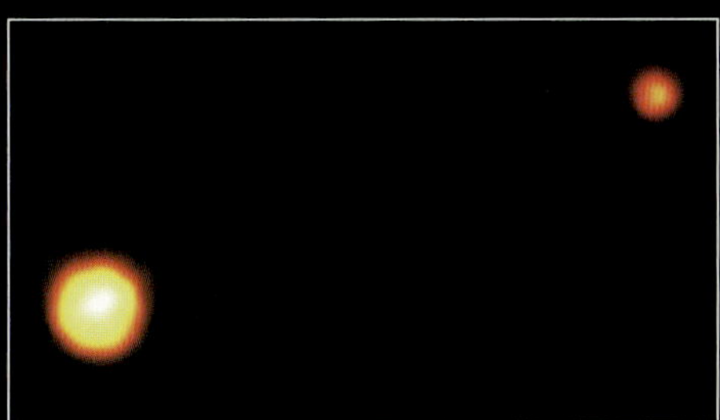

PLUTO UND CHARON

Das ist eines der besten Bilder vom kleinen Pluto und seinem großen Mond Charon. Pluto wurde erst 1930 entdeckt. Er wird zwar zu den Planeten gezählt, doch halten ihn viele Astronomen heute nur für eines der größten so genannten Kuipergürtel-Objekte, die jenseits der Neptunbahn liegen. Pluto ist kleiner als mindestens sieben Monde im Sonnensystem. Seine Sonnenumlaufbahn ist lang gezogen, wobei er manchmal der Sonne näher kommt als Neptun.

Saturn-Mission

Roboter können dorthin gelangen, wo kein Mensch je war. *Cassini-Huygens* ist ein Raumfahrzeug, das der Erforschung des Saturn und seiner größten Monde dienen soll. Es startete am 15. Oktober 1997 und wird 2004 den Saturn erreichen. *Cassini* nutzte auf der 3,2 Milliarden Kilometer langen Reise die Schwerkraft von Venus, Erde und Jupiter, um zu beschleunigen. Beim Saturn wird *Cassini* die Sonde *Huygens* aussetzen, die auf Titan, dem größten Saturnmond, landen soll. Falls sie die Reise übersteht, wird die Sonde bis zu einer halben Stunde funktionieren – danach sind die Batterien leer. Cassini soll vier Jahre lang um Saturn kreisen und etwa 300 000 Bilder übermitteln – eine Datenmenge, die mehr als 400 CDs füllt.

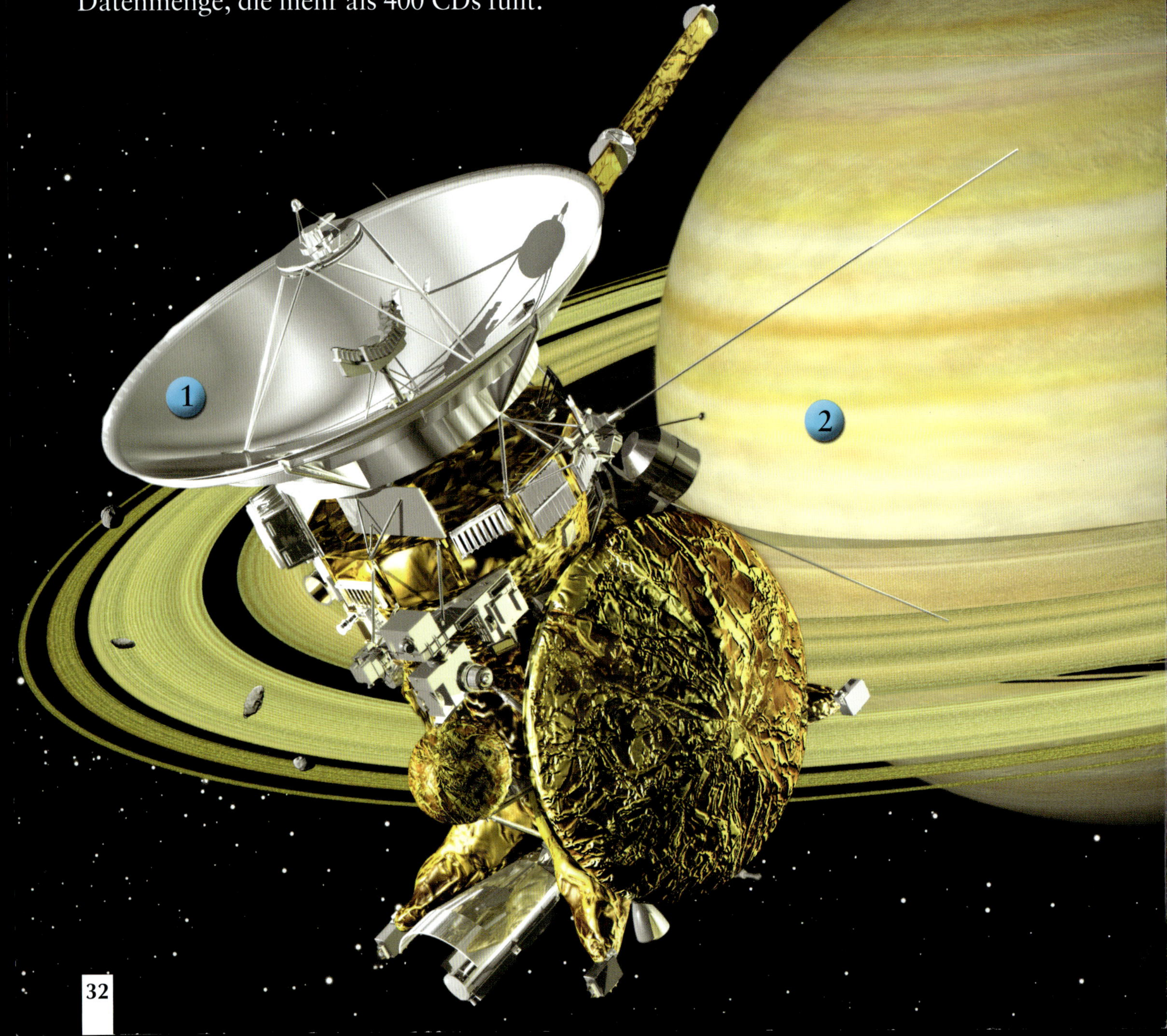

3
4

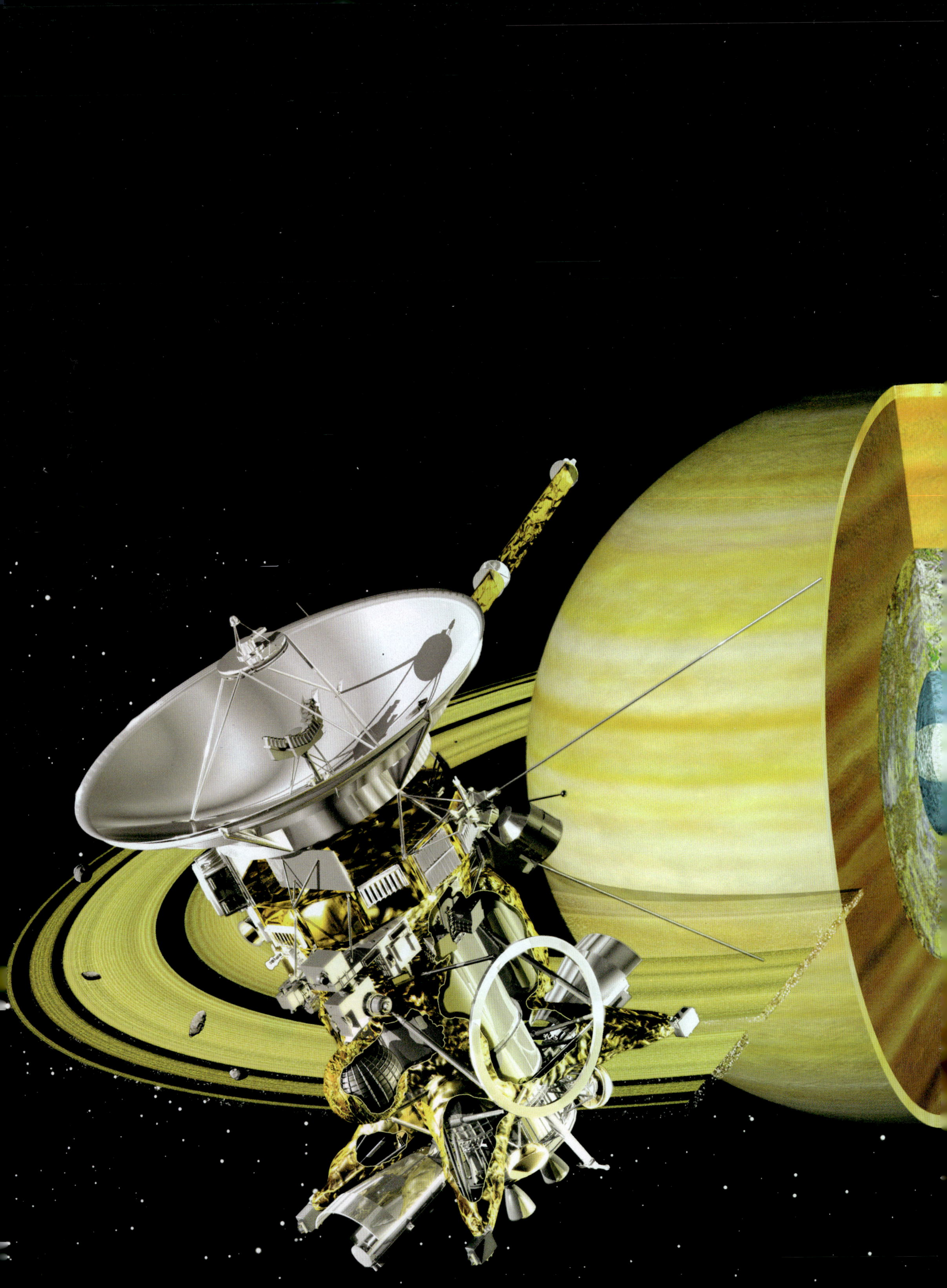

DIE *CASSINI-HUYGENS*-MISSION

1 **Cassini:** *Das bisher größte interplanetare Raumfahrzeug (7 m breit, 12 wissenschaftliche Instrumente).*

2 **Saturn:** *Ein Gasplanet. Er hat eine geringere Dichte als Wasser und würde darin oben schwimmen.*

3 **Monde:** *Saturn hat 31 Monde. Einige davon halten mit ihrer Schwerkraft die Ringe zusammen.*

4 **Titan:** *Er könnte Meere aus flüssigem Äthan und Methan und eine Atmosphäre aus Stickstoff haben.*

5 **Atmosphäre:** *Sie besteht vorwiegend aus Wasserstoff und Helium. Die Windgeschwindigkeit erreicht 1800 km/h.*

6 **Molekularer Wasserstoff:** *Der größte Teil des Saturn besteht aus Wasserstoff in unterschiedlicher Form. In dieser Schicht sind Wasserstoffatome paarweise verbunden.*

7 **Metallischer Wasserstoff:** *Hier ist der Wasserstoff durch gewaltigen Druck in ein metallisch-flüssiges Stadium übergegangen.*

8 **Gesteinskern:** *Es herrscht eine Temperatur von etwa 12 000° C. Saturn strahlt mehr Wärme ab, als er von der Sonne erhält.*

9 **Ringe:** *Sie bestehen aus Milliarden eisiger Gesteinsbrocken unterschiedlicher Größe. Die Ringe sind etwa 1 km dick.*

10 **Huygens:** *Die Sonde hat Instrumente zum Sammeln von Gesteinsproben und zur Analyse der Luft auf Titan.*

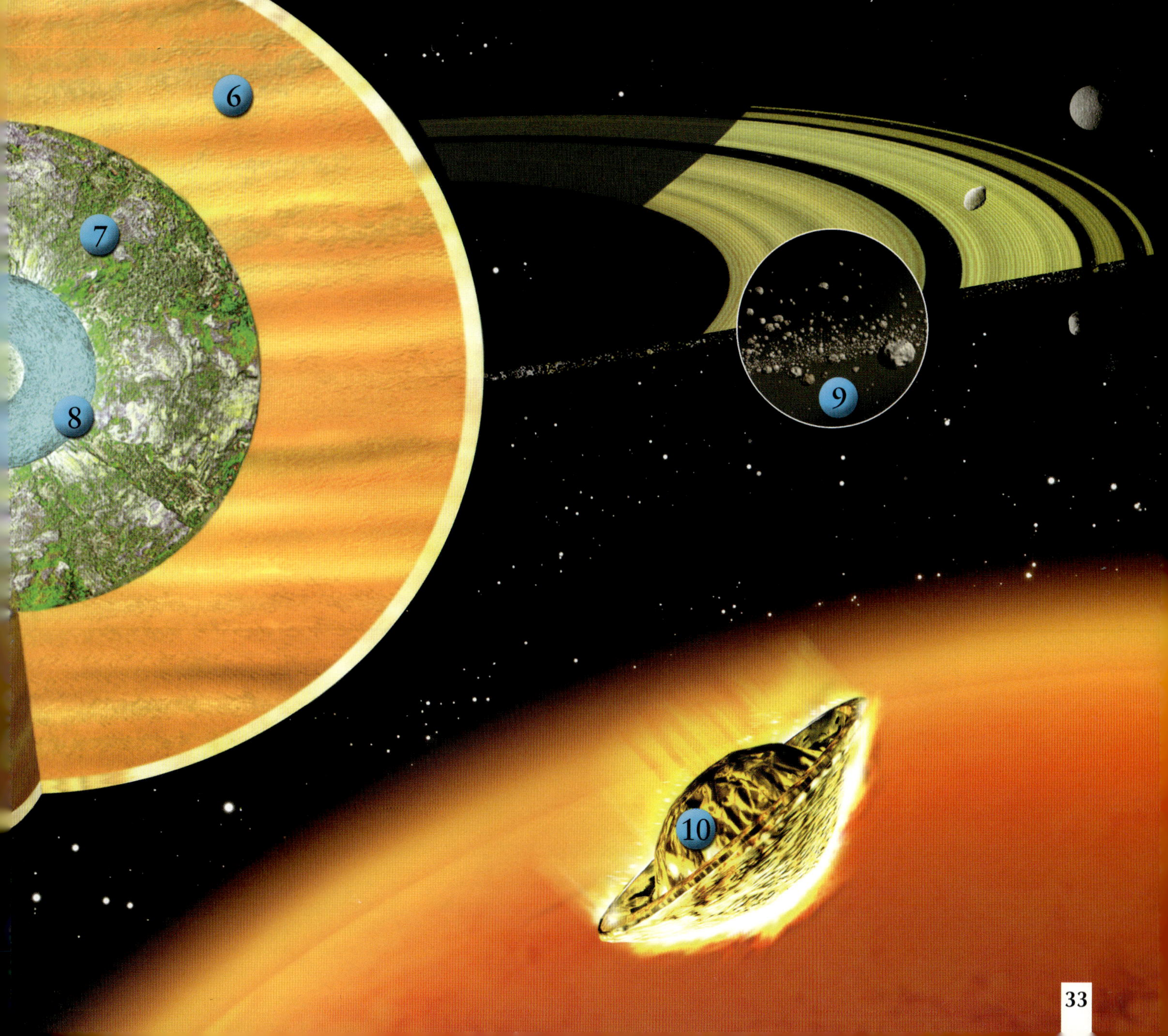

DIE URKNALL-THEORIE

Niemand war bei der Geburt des Universums dabei. Forscher versuchen herauszufinden, was damals geschah. Die meisten Astronomen glauben, dass das Universum als etwas sehr Kleines begann, das sich kurz nach seiner Entstehung „aufblähte" – wie ein Ballon, der sehr schnell aufgeblasen wird. Die Zeit der extrem schnellen Ausdehnung nennt man kosmische Inflation.

DAS UNIVERSUM

ALLES ERFORSCHEN, WAS EXISTIERT – das klingt wie ein unmögliches Vorhaben, doch genau das machen Astronomen, wenn sie ins Universum blicken. Das Universum umfasst alles, was es gibt, vom kleinsten Atom, bis hin zur größten Galaxie und von Stoffen, die Licht aussenden, bis hin zur rätselhaften „dunklen Materie". Galaxien bestehen aus Sternen, Gas und Staub. Sie ordnen sich in Galaxienhaufen an. Diese Haufen wiederum bilden Galaxien-Superhaufen, zwischen denen sich gewaltige Lücken aus leerem Raum befinden. Manche Astronomen vergleichen dies alles mit einem gigantischen Schwamm. Das Universum dehnt sich aus, wobei sich die Galaxien voneinander entfernen. Das Universum ist so groß, dass die Astronomen Entfernungen mithilfe der Lichtgeschwindigkeit messen: Licht legt in einer Sekunde 300 000 km zurück. Das Licht, das Teleskope von sehr weit entfernten Galaxien einfangen, ist oft schon Milliarden Jahre unterwegs!

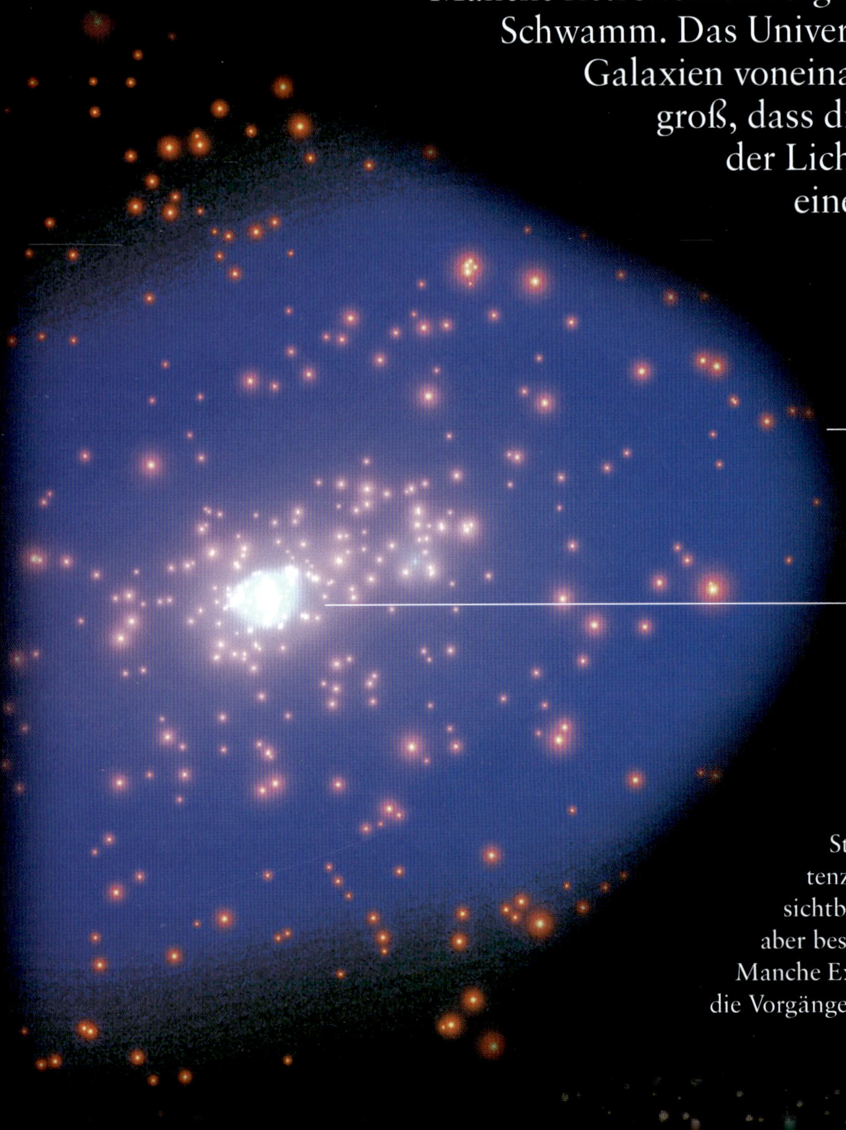

Diese „Karte" von dunkler Materie *wurde durch die Zusammenfassung von 39 Einzelbildern des Hubble-Weltraumteleskops erstellt.*

Der hellste Abschnitt *enthält sowohl den Großteil der dunklen als auch der sichtbaren Materie.*

DUNKLE MATERIE UND DUNKLE ENERGIE

Nur etwa fünf Prozent der gesamten Materie, d.h. aller Stoffe im Universum sind sichtbar. Wir wissen von der Existenz dunkler Materie, da man deren Auswirkungen auf die sichtbare Materie messen kann. Woraus die dunkle Materie aber besteht, ist ein Rätsel. Astronomen haben dazu einige Ideen. Manche Experten sprechen auch von „dunkler Energie", wenn sie die Vorgänge im Universum zu erklären versuchen.

Ein massereiches Schwarzes Loch *befindet sich im Zentrum der Milchstraße.*

Die Sonne *liegt im so genannten Orionarm, etwa 30 000 Lichtjahre vom Zentrum der Milchstraße entfernt.*

Zwei aufeinander prallende Spiralgalaxien

GALAXIEN

Die auffälligsten Bausteine des Universums sind Galaxien. Sie treten in vielen Formen und Größen auf. Elliptische Galaxien, die wie Rugby-Bälle geformt sind, bestehen aus alten Sternen und enthalten nur wenig Gas und Staub. Manche Galaxien bilden Spiralen. Wieder andere sind unregelmäßig geformt, entweder weil es hier riesige Sternentstehungsgebiete gibt oder weil sie mit anderen Galaxien verschmolzen sind.

DIE MILCHSTRASSE

Unser Stern, die Sonne, befindet sich zusammen mit Milliarden anderen Sternen in der Milchstraßen-Galaxie. Die ältesten Sterne bilden einen gewölbten Bereich im Zentrum der Galaxie, während sich die jüngeren Sterne in Sternhaufen an den Spiralarmen anordnen. Die Spiralarme sind reich an Gas und Staub. Um die Galaxie kreisen Kugelsternhaufen mit jeweils bis zu 100 000 Sternen.

MASSEREICHE SCHWARZE LÖCHER

Vermutlich befindet sich im Zentrum fast jeder Galaxie ein Schwarzes Loch, das mindestens eine Million Sonnenmassen hat. Man weiß nicht, wie Schwarze Löcher entstehen, doch sie sind alle von massereichen, rotierenden Gasscheiben umgeben. Das Gas sendet Röntgenstrahlen aus, die man aufzeichnen kann. Dieses Bild zeigt viele Röntgenstrahlenquellen im Zentrum unserer Galaxie.

Das Radioteleskop von Arecibo *in Puerto Rico dient SETI-Experimenten. Die Schüssel hat einen Durchmesser von 300 m.*

Detektoren *hängen an dicken Seilen über der Schüssel.*

SUCHE NACH EXTRATERRESTRISCHER INTELLIGENZ (SETI)

Möglicherweise können wir intelligente Lebensformen im Universum finden, wenn wir nach deren Radiosignalen suchen. Astronomen richten Teleskope auf sonnenähnliche Sterne, die vielleicht von Planeten mit lebensfreundlichen Bedingungen umrundet werden. Computer durchforschen dabei alle Radioaufzeichnungen nach Signalen, die leblose Materie nicht erzeugen kann.

BERGBAU AUF DEM MOND
Wenn auf der Erde die natürlichen Rohstoffe zur Neige gehen, könnten Firmen versuchen, die riesigen Materialvorräte auf dem Mond oder auf Asteroiden zu nutzen. Minen auf dem Mond würden hauptsächlich von Robotern betrieben werden. Die das Mondgestein abtragenden Maschinen, Anlagen zur Verarbeitung und „Weltraumlaster", die die Produkte zur Erde oder auch auf andere Planeten brächten, wären automatisiert.

BLICK IN DIE ZUKUNFT

SEIT DEM START DES ERSTEN SATELLITEN 1957 hat die Technologie erstaunliche Fortschritte gemacht. Was könnte wohl erst in 50 Jahren alles möglich sein? Viele Leute glauben, dass bis dahin die ersten Menschen den Mars besucht haben werden, andere denken an Mondbasen oder bewohnte Städte in der Erdumlaufbahn. Unsere Roboter haben bis dahin vielleicht schon alle Planeten und Monde erforscht. Möglicherweise ist unsere Technologie auch so weit, dass wir schneller und weiter durch den Weltraum fliegen können und für manche Strecken nur noch Monate anstatt Jahre benötigen. All dies klingt wie Sciencefiction – genau das fanden die Menschen früher auch, als man von bemannten Mondlandungen sprach!

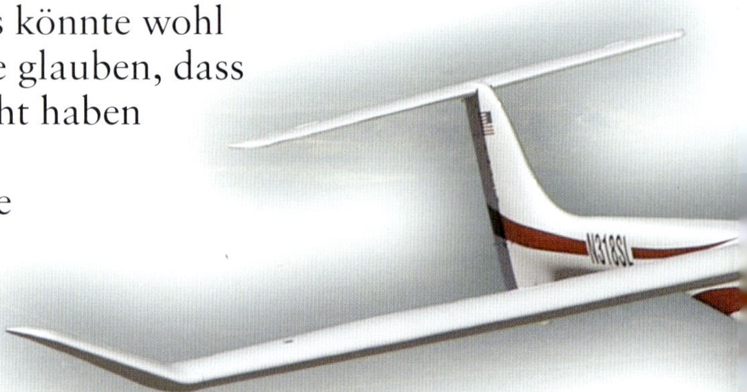

Marsanzüge und -fahrzeuge *werden von Forschern der Mars Society getestet.*

In der Flashline Mars Arctic Research Station (FMARS) *experimentieren Wissenschaftler unter „marsianischen" Lebensbedingungen.*

MENSCHEN AUF DEM MARS
Weltraumbehörden und private Organisationen suchen nach Wegen, bemannte Marsflüge durchführen zu können. Von allen Planeten ist der Mars der Erde am ähnlichsten. Dennoch ist es nicht einfach, ihn zu besuchen. Die gefährliche Reise würde Monate dauern und dort zu leben wäre äußerst schwierig – genau wie die Rückkehr zur Erde.

Der Sternsensor *hält die Sonde auf dem richtigen Kurs.*

Deep Space 1 *verwendet ionisiertes (elektrisch geladenes) Xenon-Gas als Treibstoff.*

IONENANTRIEB

Ein Raumfahrzeug bewegt sich, weil die von einem Triebwerk ausgestoßenen Abgase das Fahrzeug vorantreiben. In einem Ionentriebwerk werden geladene Teilchen erzeugt und mit 100 000 km/h ausgestoßen. Ionentriebwerke sind wirkungsvoller und halten länger als herkömmliche Triebwerke, denn der „Treibstoff“ ist günstiger und es sind geringere Mengen nötig. Ionentriebwerke können zwar noch keine schweren Lasten antreiben, sie sind jedoch ideal für kleine Sonden und Satelliten. Erstmals wurde bei der Mission *Deep Space 1* ein Ionentriebwerk eingesetzt.

Das besondere Design *ermöglicht einen Flug in sehr große Höhen.*

***Das Flugzeug* White Knight** *ist ein Entwurf des Unternehmens Scaled Composites, einem der Wettbewerber um den X Prize. Das Flugzeug soll die Rakete (unten) starten.*

SpaceShipOne *ist eine Rakete, die drei Passagiere befördert.*

DER X PRIZE

Die Technologie entwickelt sich besonders rasch, wenn ein Preis als Belohnung ausgesetzt ist. Der X Prize ist ein Preis, der zur Entwicklung des privaten Weltraumtourismus ausgeschrieben wurde. Derzeit nehmen mehr als 20 Teams am Wettbewerb teil. Sie sollen ein Raumschiff entwickeln, das drei Menschen in 100 km Höhe über die Erde transportiert und wieder sicher zurückbringt. Diese Leistung soll dann innerhalb von zwei Wochen wiederholt werden. Die Sieger erhalten 10 Mio. US-Dollar (rund 8 Mio. Euro).

Ein großes Gerüst *stützt die riesigen Sonnensegel. Jedes Segel ist größer als ein Fußballplatz.*

SONNENSEGEL

Reisen durchs All wären auch mithilfe des Sonnenlichts möglich. Im Alltagsleben spüren wir die Kraft des Sonnensegels kaum, da andere Kräfte, wie die Schwerkraft und der Wind, diese übertreffen. Im Weltraum jedoch, wo sich alles frei bewegt, kann die Kraft von Sonnenlicht, das von großen, leichten Sonnensegeln reflektiert wird, ein Raumfahrzeug antreiben.

WELTRAUMTOURISTEN

Heutzutage kann man als Nichtastronaut nur ins All fliegen, wenn man sehr viel bezahlt (etwa 16 Mio. Euro!). Der südafrikanische Geschäftsmann Mark Shuttleworth war erst der zweite „Weltraumtourist“. Wenn der X Prize Erfolg hat, könnten in ungefähr zehn Jahren mehr Menschen ihre Ferien im All verbringen.

Register

Dank

Dorling Kindersley dankt folgenden Personen:
Dorothy Frame für das Register und Sarah Mills für die Bildrecherche in der DK-Bilddatenbank.

Der Verlag dankt außerdem den folgenden Personen, Agenturen und Institutionen für die freundliche Genehmigung, ihre Abbildungen nachzudrucken:
o=oben; u=unten; m=Mitte, l=links; r=rechts; F=Folie; R=Rand

Olivier Boisard – Conseil: 37ul. **Bridgeman Art Library, London/New York:** Giraudon 7omr. **Lynette R. Cook:** ©2000 23mro. **Corbis:** M. Dillon 6u; Myron Jay Dorf 35mu; NASA 27mr; NASA/Roger Ressmeyer 3m, 5mlu, 30ol, 30ul; Alain Nogues/Sygma 15or; Enzo & Paolo Ragazzini 7mlo; Roger Ressmeyer 5mlo, 20ol, 21ml, 21um. **DK Images:** British Museum 6ol. **European Space Agency:** 15mro; CNES/Arianespace-Service Optique CSG 14r; NASA/Jean-Paul Kneib (Observatoire Midi-Pyrénées, France/Caltech, USA) 34mlu. **Galaxy Picture Library:** Robin Scagell 25 F. **Getty Images:** AFP 14ol; Oleg Nikishin/Stringer 37ur. **David Malin Images:** Anglo-Australian Observatory 24mlu, 24 F. **NASA:** 48 o&u, 4r, 8ul, 9ur, 10-11 (Hintergrund), 10-11 F (Hintergrund), 12ol, 12ml, 12ur, 13ol, 13mlu, 15mlo, 16-17, 16-17 F, 18ol, 18mr, 18ul, 19mo, 19mro, 19u, 21or, 22ur, 24-25m, 24-25m F, 29or, 31mro, 32-33, 32-33 F, 36ol; CXC/SAO 20mo; CXC/SAO/ MIT/F. K. Baganoff et al. 35mur; A. Fruchter/ERO Team/STScI 23ul; /Jeff Hester & Paul Scowen Arizona State University 22ml; The Hubble Heritage Team, STScI, AURA 35ol; JPL/Caltech 28ol, 29ur, 29mol, 30mor, 31mu, 37ol; STScI/ C. R. O'Dell (Rice University) 22ul; STScI/Erich Karkoschka (University of Arizona) 31ol; Röntgenaufnahme: CXC/ASU/J. Hester et al, Optical: HST/ASU/J. Hester et al: 25mru. **National Space Centre, Leicester:** 33mr. **NOAO/AURA/NSF:** T. A. Rector, B. A. Wolpa, M. Hanna, KPNO 0.9-m Mosaic/Copyright WIYN Consortium, Inc., alle Rechte vorbehalten 2, 39. **NSSDC/GSFC/NASA:** 28mu, 31uml. **Royal Astronomical Society:** 7mlu. **Scaled Composites:** 36-37m. **Science Photo Library:** David P. Anderson, SMU/NASA 28um; S. Durrance & M. Clampin 23ol; D. Golimowski, Mark Garlick 22mu, 22um, 27om; Steele Hill/NASA 5mru, 27ml; Jerry Lodriguss 30mr; NASA 5or, 7r, 9o, 15ur, 28or; Novosti 8ol, 8or, 8mur; NRAO/AUI/ NSF 20um; David Parker 35ul; Erich Schrempp 34or; US Geological Survey 29mlu; Detlev Van Ravenswaay 18mu. **Courtesy of Sea Launch:** 14ul. **Courtesy of SOHO/EIT Consortium. SOHO ist ein Projekt internationaler Zusammenarbeit zwischen der ESA und der NASA:** 27umr; 26-27u. **Videocosmos.com:** 13ur. **Dr. Robert Zubrin:** 36u.

Cover:
Vorne: Corbis
Hinten: NASA/A Fruchter/ERO Team/STScl ol; Hubble Heritage Team, STScl/AURA or.
Rücken: NASA/Dryden Flight Research Center.